LA
FONCTION DU SOMMEIL

PHYSIOLOGIE — PSYCHOLOGIE — PATHOLOGIE

PAR

Le Dr Albert SALMON

(DE FLORENCE)

PARIS

VIGOT FRÈRES, ÉDITEURS

23, PLACE DE L'ÉCOLE-DE-MÉDECINE, 23

—

1910.

° LA

FONCTION DU SOMMEIL

LA
FONCTION DU SOMMEIL

PHYSIOLOGIE — PSYCHOLOGIE — PATHOLOGIE

PAR

Le Dr Albert SALMON

(DE FLORENCE)

PARIS

VIGOT FRÈRES, ÉDITEURS

23, PLACE DE L'ÉCOLE-DE-MÉDECINE, 23

—

1910

A MES FILS

Je dédie cet ouvrage

LA FONCTION DU SOMMEIL

CHAPITRE I

LE PROBLÈME DU SOMMEIL

La question du sommeil représente, sans doute, le plus mystérieux et le plus intéressant problème demandant encore sa solution à la biologie. Tandis que toutes les fonctions de notre organisme sont l'objet d'études les plus minutieuses, les plus détaillées, nous ne savons que très peu, si ce n'est rien du tout, concernant le sommeil. Comme si l'on redoutait l'obscurité qui enveloppe notre problème, la question du sommeil est à peine et légèrement touchée dans les principaux traités d e physiologie. Les ouvrages spéciaux qui ont été consacrés à ce problème sont malheureusement très rares et ne rendent nullement plus clair son mécanisme intime. La clinique aussi, tandis qu'elle examine avec le plus grand soin les plus légères modifications du pouls, de la respiration, de la température, de la sécrétion rénale, etc., elle se désintéresse presque complètement des troubles hypniques, comme si le sommeil n'était pas une fonction aussi importante que la fonction cardiaque, rénale, respiratoire, etc. L'on se borne à ordonner des hypnotiques aux patients qui ne dorment pas depuis quelques nuits, sans se donner la peine de rechercher le mécanisme de cette insomnie qui, parfois, dépend de causes les plus opposées. La clinique n'attache aucune valeur à une augmentation insolite du sommeil, comme si l'hypersomnie, toute légère qu'elle est, ne constitue pas un symptôme très précieux pour la diagnose de certaines affections : elle n'établit pas toujours de distinction entre une véritable augmentation de sommeil et l'état de somnolence qui exprime parfois la simple torpeur de notre activité psychique. Or, ce désintéressement, cette négligence déplorable que la clinique manifeste à l'égard du sommeil, tient de ce que notre problème, au point de vue physiologique, est encore entouré de la plus profonde obscurité. L'étiologie, le mécanisme, la nature même du phénomène, tout est encore très obscur dans la question du sommeil. Les auteurs sont tous du même avis sur un seul point, à savoir que le sommeil est un phénomène nécessaire à la vie animale et qu'il possède une puissante action réparatrice.

La biologie cependant ne peut pas se contenter de cette simple constatation de fait. Nous devons aussi rechercher le mécanisme qui règle ce phénomène de nutrition pour nos centres nerveux, la cause directe qui paralyse les cellules nerveuses dans leur activité spécifique. Ce n'est que de cette façon que nous parviendrons à concevoir la pathologie du sommeil, puisque les troubles hypniques, très souvent, ne sont que l'exagération ou le défaut du sommeil physiologique. La physiologie et la psychologie ne peuvent donc plus tarder à diriger toute leur attention vers cet important phénomène qui remplit le tiers de notre existence et qui se rattache d'une façon très étroite à l'hygiène de notre existence psychique. La solution du problème du sommeil s'impose. Nous sommes depuis longtemps redevables à la biologie de déchirer le voile de mystère qui entoure la fonction la plus délicate de notre organisme.

CHAPITRE II

ROLE BIOLOGIQUE DU SOMMEIL

§ 1. — Le sommeil des plantes : son analogie avec le sommeil des animaux.

Le sommeil, pris dans sa signification biologique la plus simple, est généralement considéré comme le repos qui suit l'activité de l'organisme afin que celui-ci puisse reprendre son fonctionnement.

On constate un état parfaitement analogue au sommeil, même chez les êtres organisés les plus simples, dans les plantes, par exemple, dont un grand nombre, telles que les papilionacées, les sensitives, etc., ferment leurs feuilles pendant la nuit et les rouvrent à la clarté. De même que certains animaux dorment pendant le jour et veillent pendant la nuit, de même le nyctanthe triste (l'arbre triste), la mirabilis jalapa prennent l'attitude du sommeil pendant le jour. Burdach dit qu'on peut invertir avec l'habitude l'ordre du sommeil des plantes de même que celui du sommeil animal. De Candolle et Bert ont trouvé que les plantes endormies peuvent être réveillées par la lumière artificielle et garder l'état de veille pendant la nuit. Les jeunes feuilles de la sensitive, ainsi que les animaux pendant les premiers jours de leur vie, conservent, de jour et de nuit, l'attitude du sommeil, et ce n'est que graduellement qu'elles prennent la position de la veille (Virey).

L'attitude hypnique des feuilles, d'après Meinecke, ne représente pas un état purement passif, c'est-à-dire elle ne paraît pas être la conséquence de leur affaiblissement ou de leur direction spontanée, mais il faut employer une certaine violence pour leur faire abandonner leur position ; en effet, quand on ne les force plus, elles reprennent leur attitude primitive. Nous devrons faire plus tard les mêmes considérations à propos du sommeil animal, qui doit être envisagé non point comme un état négatif, mais comme une activité positive.

L'intensité du sommeil animal est généralement en rapport direct avec l'activité de la veille ; ainsi dans les pays tropicaux, où le travail végétal quotidien est plus intense, le sommeil des plantes est plus complet. Par contre, l'état apparent de sommeil est très court chez certaines plantes aux feuilles très irritables, de même que le sommeil animal est généralement incomplet chez les individus dont le tempérament nerveux est très excitable. De même qu'on observe chez les animaux une léthargie hibernale et une léthargie estivale, de même la période du repos des arbres et des arbustes coïncide en général avec l'hiver, tandis que la plupart des plantes à bulbes (liliacées, orchidées indigènes, la ficaire, l'arium, etc.,) passent à l'état de vie ralentie dès premiers jours de l'été et recommencent à végéter en automne. On sait que cette vie ralentie apparaît particulièrement dans les espèces qui accumulent des matières de réserve hydrocarbonées (voir la jacinthe, la ficaire, l'asphodèle). Les animaux aussi ne s'endorment en hiver que s'ils ont accumulé dans leur organisme une quantité considérable de graisse.

§ 2. — Le sommeil des animaux : son action restauratrice spécifique : sa signification biologique.

Nous ne devons cependant pas exagérer l'importance de l'analogie entre le sommeil animal et le repos végétal. Ce dernier, écrit très justement Bertin, ne peut être regardé, ainsi que le sommeil animal, comme la conséquence d'une activité intrinsèque, spécifique. Le sommeil des animaux n'est pas un simple repos, mais il possède en plus une action réparatrice spécifique. Le sommeil, écrit Naville, n'est pas une simple diminution de dépense, mais aussi bien une production de force : il ne s'agit pas seulement d'une machine qui cesse de fonctionner, mais d'une machine à laquelle, pendant son repos, on enlève de la poussière et où l'on met de l'huile. Aristote assurait, en effet, que les animaux se nourrissent mieux pendant le sommeil que durant la veille. Burdach affirme que pendant le sommeil estival des insectes, le suc nourricier dont leurs tissus sont baignés est plus épais, plus nourrissant, tandis que vers la fin du sommeil, il est clair comme de l'eau.

Nous savons tous que la fonction de l'organisme la plus intéressante qui s'opère pendant le sommeil hibernal des larves, c'est leur nutrition. Durant l'état de chrysalide, qui offre une très grande analogie avec le sommeil, l'assimilation se fait avec la plus grande intensité ; l'on assiste à un processus de nutrition des plus actifs, ayant comme résultat le développement complet de tout l'organisme. Dubois fait remarquer enfin que pendant la léthargie des marmottes, plusieurs de leurs organes, les muscles et le cerveau par exemple, augmentent sensiblement de poids. C'est donc bien à juste titre qu'Hippocrate définissait le sommeil « l'effort du système nutritif, végétatif sur le système animal ». Burdach, Brandis regardaient le sommeil comme un état parfaitement analogue à la vie fœtale, dans laquelle l'énergie de nutrition est très active, pendant le silence de la vie de relation.

Claparède porte un certain nombre de faits précis en faveur de l'action réparatrice spécifique du sommeil :

1° *Un sommeil très court peut avoir une influence restauratrice très grande.* — Lorsqu'on travaille le soir et que l'on se sent fatigué, incapable de soutenir son attention, il suffit parfois d'un sommeil de quelques minutes pour rendre à l'esprit sa vigueur, ce qui n'est guère explicable par le simple fait de repos. Weygandt a montré par des expériences d'additions, qu'une demi-heure de sommeil avait pour effet d'élever considérablement la courbe du travail subséquent. Michelson fait remarquer que les agriculteurs, en été, recouvrent leurs forces d'une façon extraordinaire, après le court sommeil du milieu de la journée.

2° *Le sommeil restaure d'autant plus qu'il est plus profond.* — Ainsi que Romer l'a prouvé par des expériences comparatives de mémorisation, de réactions, etc., c'est la période de sommeil profond qui est surtout restauratrice pour l'esprit : c'est ainsi que si l'on réveille de bon matin un individu dont le sommeil est à type matinal, son activité mentale s'en ressentira, il sera insuffisamment reposé ; tandis qu'un raccourcissement de même durée de son sommeil, mais tombant sur les premières heures de la nuit, restera sans effet ; au contraire, un dormeur de type vespéral n'accusera pas la moindre trace de fatigue si on le réveille avant l'heure, car dans ce dernier cas, la période de sommeil profond (au début de la nuit) aura été respectée. Ces expériences s'accordent avec l'opinion commune, à laquelle Michelson paraît disposé à se rattacher, que le sommeil d'avant minuit est le plus profitable.

3° *Plus l'organisme a besoin de récupérer ses forces, plus le sommeil est profond.*—Après l'insomnie de quatre-vingt-dix heures que s'étaient imposée les trois sujets de Patrick et Gilbert, leur sommeil n'a pas été beaucoup plus long que le sommeil habituel : par contre la profondeur de ce sommeil a été beaucoup plus grande que celle du sommeil normal.

Toutes ces considérations militent incontestablement en faveur d'une action réparatrice spécifique du sommeil. L'insomnie expérimentale constitue enfin la meilleure preuve de l'action trophique du sommeil. La privation absolue du sommeil produit la mort plus rapidement que le manque d'aliments. Un des supplices les plus atroces en vigueur chez les Chinois, consiste à empêcher de dormir. Les animaux morts par insomnie expérimentale présentent les plus graves altérations surtout dans les centres nerveux. L. Daddi et Guerrini ont remarqué une chromatolyse intense dans les cellules nerveuses, c'est-à-dire la destruction de la substance chromatique que l'on considère, à juste titre, comme une substance de réserve destinée à la restauration organique de la cellule nerveuse.

Notre sommeil quotidien est donc un phénomène de nutrition des éléments nerveux centraux. Tous les auteurs sont fort heureusement bien d'accord sur ce point fondamental de notre problème. Verworn admet que le sommeil est dû à la prédominance de l'assimilation sur la désassimilation de la cellule nerveuse. Nous sommes également d'avis que cette fonction de nutrition des éléments nerveux ne représente pas seulement une simple conséquence du sommeil, mais la condition fondamentale, la cause directe de ce phénomène. C'est cette fonction de nutrition, de réintégration organique des cellules nerveuses qui détermine, très probablement, le phénomène du sommeil, c'est-à-dire la suspension de l'activité psychique. Le repos absolu du cerveau implique, à son tour, un ralentissement considérable des échanges, d'où la moindre intoxication de tout élément cellulaire, la suspension de l'usure de l'organisme. Ce n'est donc pas seulement le cerveau qui jouit du repos morphéique, mais aussi tous nos tissus, car ils travaillent bien moins pendant l'inactivité absolue des centres nerveux que pendant la veille. Le sommeil représente une épargne alimentaire considérable, en confirmation de l'ancien adage populaire : *qui dort, dîne.* Notre sommeil de sept à huit heures nous permet de rester à jeun pendant douze à seize heures environ, c'est-à-dire pendant une période plus longue que la moitié de notre existence. Après notre sommeil quotidien, nous n'éprouvons que rarement le stimulus de la faim, quoique le jeûne se soit prolongé pendant douze heures. Il est par conséquent incontestable que, si nous ne dormions pas, nous aurions besoin de manger bien davantage ; la question du sommeil, à ce point de vue, a une importance sociale. Le sommeil est un des meilleurs moyens de défense contre l'inanition. Les animaux hibernants, par suite de leur léthargie, restent, en effet, complètement à jeun pendant cinq à huit mois. L'on assure aussi que dans certaines localités de la Russie où les récoltes sont insuffisantes, les paysans dorment pendant des mois pour échapper à la famine [1]. L'on observe ainsi que la vie ralentie du sommeil quotidien est parfaitement analogue à celle caractérisant toutes les espèces du sommeil, savoir la léthargie hibernale, la torpeur des invertébrés, le sommeil des plantes. Il est certain que sans leurs périodes de sommeil, la vie des animaux et des plantes serait plus active et aussi plus courte. Le sommeil peut être ainsi défini « le ralentissement de la vie de tous les corps organiques, lesquels, pour conserver leur nature chimique et morphologique, ont le besoin de suspendre ou de ralentir périodiquement leur métabolisme, c'est-à-dire le déploiement de leur énergie chimique, l'usure de leurs tissus. » Telle est, à mon avis, la signification biologique du sommeil.

1. Volkow. *Le sommeil hivernal chez les paysans russes. Bulletin et mémoire de la Société d'anthropologie de Paris, 1900.*

J'ai cherché à obtenir des renseignements sur ce sommeil, et on m'a assuré que ces paysans, pour prolonger leur torpeur, boivent de grandes quantités d'alcool brut et se couchent sur des échafaudages sous le plafond (palaki). Il est très probable que les boissons alcooliques et la température fort élevée de l'ambiant facilitent beaucoup la prolongation de leur sommeil. Il n'est pas rare pourtant que ces pauvres malheureux ne se réveillent plus de leur torpeur.

CHAPITRE III

PSYCHO-PHYSIOLOGIE DU SOMMEIL

§ 1. — Des phénomènes caractérisant le sommeil.

A. — Sensation ou appétit du sommeil.
besoin de sommeil

Le sommeil est précédé d'une sensation spécifique, la *sensation* ou *appétit du sommeil* (Lasègue). Lorsqu'elle est très intense, on appelle vulgairement cette sensation « *besoin de sommeil.* » Cette sensation spécifique avertit notre conscience que le sommeil va s'emparer de nous. L'animal prévenu par la sensation du sommeil a tout le temps de se réfugier en lieu sûr et de ne pas être surpris par ses ennemis, pendant qu'il dort. L'appétit du sommeil est donc pour l'animal une sensation providentielle, une sensation cénesthésique précédant le besoin impérieux de sommeil, contre lequel l'animal deviendrait presque tout à fait passif. En effet, l'individu frappé du vrai besoin de sommeil, est souvent forcé de s'endormir malgré lui, où que ce soit, et malgré le danger de la mort auquel parfois il s'expose. Le voyageur, surpris sur la haute montagne par le besoin de sommeil, s'endort, quoique ses compagnons le préviennent du danger auquel il s'expose en s'endormant dans un climat si rigoureux. Des signes particuliers caractérisent la sensation du sommeil : c'est d'abord une sensation de picotement aux yeux, de désagréables sensations aux branches du trijumeau, de la pesanteur à la partie antérieure de la tête, une lassitude dans les membres, la perte d'attention et la diminution de la température. Avec la sensation du sommeil, écrit Burdach, nous sommes incapables de lier une série d'idées, de la retenir, de la suivre, de la comprendre ; bientôt les sensations deviennent obscures, les idées confuses ; on éprouve des hallucinations visives ; la pupille se dilate, les paupières supérieures s'abaissent, les membres perdent leur énergie musculaire, la tête s'abaisse. La sensation du sommeil est généralement accompagnée du *bâillement* qui, tout en étant un des signes les plus caractéristiques, se produit également dans beaucoup d'autres conditions physiologiques ou morbides. Le bâillement se rattache généralement à la dépression de notre activité nerveuse, à la perte de l'attention ; nous l'observons dans l'inanition, dans l'anémie cérébrale, dans l'ennui, etc.

L'appétit du sommeil survient en général aux heures où l'on a l'habitude de dormir. Il disparaît sous l'influence des plus légères émotions et de tous les motifs qui nous intéressent tout particulièrement ou qui excitent notre attention. Un acte énergique de notre volonté peut nous faire vaincre la sensation du sommeil, de même que nous pouvons dominer d'autres sensations internes, telles que la faim et les désirs sexuels. Il est rare cependant que nous puissions atténuer la sensation du sommeil, lorsqu'elle est très intense. Cette sensation devient alors très pénible, et la céphalée se produit accompagnée d'une extrême irritabilité nerveuse, symptômes dont la gravité augmente en raison directe de la résistance qu'on oppose à la satisfaction du sommeil.

B. — L'ENDORMISSEMENT

L'endormissement est l'action de s'endormir. C'est un vrai acte global instinctif qui monopolise l'activité de l'organisme dans son ensemble. Dans l'endormissement, l'animal se désintéresse de la situation présente, il renonce à percevoir le monde extérieur et à agir, il renonce en quelque sorte à vivre : c'est, selon une expression très heureuse de Claparède, une abdication momentanée, une *sorte de suicide psychologique*. Les animaux qui désirent s'endormir évitent autant qu'ils le peuvent, et d'une façon purement instinctive, les excitations vénant de dehors; ils ferment les yeux, ils cachent la tête dans leur fourrure; les poissons s'enfoncent dans les vases, les serpents dans les cavernes, les insectes dans les arbres; les marmottes se fourrent six pieds sous terre. Pour nous endormir nous donnons au corps l'attitude qui demande le moindre effort musculaire.

C. — Phase de demi-sommeil

Par l'endormissement qui est l'acte favorisant, plus que tous les autres, le sommeil, nous entrons dans la phase de demi-sommeil, qui constitue un état de passage intermédiaire entre la veille et le sommeil. C'est la phase préliminaire du sommeil, pendant laquelle les centres psychiques ne sont pas à l'état de repos parfait comme pendant le sommeil: le demi-sommeil représente la lutte entre la fonction hypnique s'efforçant d'envahir les centres nerveux et l'activité psychique des cellules nerveuses qui va diminuer graduellement. La durée de la phase de demi-sommeil est d'autant plus longue que l'énergie de la fonction hypnique est plus faible et que la résistance opposée par les cellules nerveuses à entrer dans l'état de sommeil est plus énergique. Cette phase est, en effet, de très courte durée, ou n'existe pas du tout lorsque le besoin du sommeil est très impérieux, par exemple chez les enfants, tandis qu'elle se prolonge sensiblement dans le sommeil léger des neurasthéniques ou dans l'assoupissement des vieillards, qui sont habituellement, même pendant la journée, dans un état presque continu de demi-sommeil. Le demi-sommeil se prolonge aussi chez les individus au tempérament nerveux fort excitable, surtout chez les hystériques, les aliénés et les maniaques. Pendant l'état de demi-sommeil, ces individus sont très souvent sujets aux illusions et aux hallucinations hypnagogiques décrites par Baillarger,

Brière, Maury, Burdach, Boismont, Claparède. Ces hallucinations, caractérisées par l'apparition de lueurs rapides,
par la vision de formes semi-lunaires, par des bruits, etc.,
sont formées généralement d'images visives et fort rarement
d'images auditives ou tactiles. Elles sont, pour ainsi dire,
l'écho des continuelles stimulations des sens que l'on a
éprouvées pendant la veille et qui ont laissé une vive
impression.

D. — Le sommeil proprement dit

Le sommeil proprement dit représente l'état de vrai
repos, l'état d'inactivité absolue des centres psychiques.
Pendant le sommeil l'activité de relation est complètement
abolie. Les actes volontaires ont cessé et les muscles sont
entièrement relâchés.

C'est la faculté du jugement que l'on perd d'abord dans
le sommeil, ensuite l'imagination, la mémoire, et enfin les
différentes sensibilités, savoir : la vue, le goût, l'odorat, le
toucher et l'ouïe. A la fin du sommeil, on regagne graduellement ces facultés, mais dans l'ordre inverse dans lequel
on les a perdues, c'est-à-dire que c'est d'abord les sensibilités qui reparaissent et ensuite la mémoire, l'imagination
et le jugement. La conscience est donc la première faculté
psychique que nous perdons dans le sommeil, de même
qu'elle est la dernière que nous parvenons ensuite à recouvrer. Ce qui caractérise en effet le sommeil, c'est la perte
de la volonté, de l'attention et de la conscience (Adelon,
Manacéïne). Toutes les autres facultés peuvent continuer
dans leur activité pendant le sommeil; les rêves avéc
la richesse inouïe de leurs images, en sont la preuve la
plus évidente. Pendant le sommeil léger, l'activité de
nos sens veille à notre insu sur le monde extérieur et nous
donne le cri d'alarme quand un danger nous menace : il
suffit d'un petit bruit, d'une voix, d'un rayon de lumière,
du plus faible contact pour que la circulation devienne
plus rapide, les vaisseaux se contractent et la conscience

se réveille. La moelle épinière aussi révèle son excitabilité normale pendant le sommeil. Les réflexes tendineux se maintiennent à l'état physiologique (Tarchanoff), tandis que les réflexes cutanés d'origine corticale sont très déprimés ou abolis tout à fait.

1º *Modifications de la circulation cérébrale pendant le sommeil.*

Blumenthal (1795), Durham, Hammond, Mosso, Vizioli, Tarchanoff ont constaté que le cerveau, pendant le sommeil, devient plus ou moins pâle et diminue de volume, tandis qu'au moment du réveil il présente les faits opposés. L'anémie que ces auteurs ont remarquée, s'accorderait parfaitement avec la diminution de la température cérébrale que Mosso a observée pendant le profond sommeil, en rapport avec la diminution de la circulation et la dépression des fontanelles (Hammond).

Hilton a constaté aussi dans les fractures de la base cranienne une diminution de l'écoulement du liquide céphalo-rachidien pendant le sommeil. Par contre, Broadmann nous dit que dans un cas de fracture du crâne, il a remarqué un accroissement dans le volume du cerveau au commencement du sommeil et une diminution au moment du réveil. Czerny, par ses recherches plethysmographiques, a observé les mêmes faits. Langlet et Konnedy ont remarqué également l'augmentation de volume de la fontànelle pendant le sommeil des enfants. Nous appelons aussi l'attention sur les recherches de Brown-Séquard, qui a constamment remarqué dans le sommeil une forte hyperémie de la base et des centres épiniers. Howell a confirmé les mêmes observations, en admettant que la congestion de la base cérébrale est la cause de l'anémie corticale et, par conséquent, du sommeil.

Les expériences de Rummo et Ferrannini constitueraient presque un trait d'union entre les expériences que nous venons de signaler. Pendant la première phase du sommeil, ils ont remarqué d'abord l'hyperémie cérébrale, ensuite un état de dépression et d'anémie artérielle qui disparaissait rapidement au réveil. Ces expériences nous prouveraient que, dans le sommeil, les modifications de la circulation cérébrale sont relatives à l'état fonctionnel du cerveau et ne peuvent guère constituer une base solide pour une théorie circulatoire du sommeil.

2° *Modifications oculaires dans le sommeil.*

Pendant le sommeil, les axes des yeux sont convergents et dirigés vers le haut ; les pupilles sont resserrées (Müller, Rehlmann, Wibkowsky, Manacéïne, Berger, Lœwy). La sécrétion lacrymale est diminuée.

3° *Modifications des fonctions de la vie végétative pendant le sommeil.*

Le sommeil, par le fait qu'il provoque le repos et l'inactivité des centres nerveux, implique un ralentissement de la vie organique. L'activité de la fonction cardiaque est diminuée ; le ton artériel est déprimé ; le pouls est rare, lent, généralement faible et uniforme. Les vaisseaux sanguins sont particulièrement dilatés, la sueur se produit avec plus de facilité, ce qui est une condition favorable à l'abaissement de la température, qui commence après les premières heures de sommeil. Les actes respiratoires deviennent plus rares et moins profonds. L'un des signes caractéristiques du sommeil, c'est le rapport inverse entre l'inspiration et l'expiration ; les inspirations sont plus longues et les expirations plus courtes (Mosso). On remarque aussi pendant le sommeil un affaiblissement dans la fonction du diaphragme, ce qui fait que la respiration thoracique prédomine sur la respiration abdominale. Les expériences de Voit et Pettenkoffer prouvent que la quantité d'oxygène absorbée augmente dans le sommeil et qu'il y a une diminution dans l'élimination de l'acide carbonique, ce qui produirait une accumulation d'oxygène. Pendant le sommeil très profond, l'on a parfois remarqué une respiration périodique analogue à la respiration de Cheyne-Stokes (Murri). Il est probable que l'origine d'une telle modification du rythme respiratoire doit se rapporter à ce que, pendant le sommeil profond, il se produit une dépression remarquable des centres nerveux respiratoires, d'où un empêchement à leur excitabilité et une interruption de la respiration. Les fonctions gastriques, intestinales ne subissent pas d'interruption pendant le sommeil. Bush cependant a remarqué un certain affaiblissement dans les mouvements de l'estomac et de l'intestin. Les reins fonctionnent normalement, mais d'ordinaire avec moins d'énergie que pendant la veille.

E. — Le Réveil

Le réveil peut être spontané ou provoqué : on le dit spontané lorsqu'il est déterminé par la cessation graduelle de la fonction hypnique, sans qu'aucune stimulation y ait contribué. Le réveil, dans ce cas, est généralement précédé d'un état très analogue au demi-sommeil. Les hallucinations hypnagogiques ne se manifestent pas dans cet état, à moins qu'elles ne soient la répercussion des impressions sensorielles que l'on a éprouvées pendant les rêves. Claparède dit, avec juste raison, que le réveil n'est que très rarement spontané. On découvre presque toujours dans le réveil apparemment spontané des stimuli externes ou internes qui, quoique légers, n'en ont pas moins déterminé la cessation du sommeil; ces stimuli sont généralement d'autant plus efficaces que le sommeil est moins intense. Le réveil est provoqué, soit par des stimuli externes qui excitent nos organes sensoriels, soit par des stimuli internes organiques ou cénesthésiques, telles que la faim, la soif, la chaleur, le froid, le besoin d'uriner, de déféquer, etc. Ces dernières sensations sont des stimuli très efficaces dans la détermination du réveil. Le sommeil hibernal même subit généralement une interruption quand l'animal éprouve le stimulus de la faim ou le besoin d'uriner, etc. Les émotions ont aussi une influence considérable pour provoquer le réveil. Il n'est pas rare que nous soyons réveillés par les émotions de nos rêves. Nous parlerons d'ailleurs longuement des émotions, lorsque nous traiterons de la pathogénie du sommeil.

§ 2. — Psychologie du sommeil.

C'est de parti pris que, dans la description des phénomènes caractérisant le sommeil, j'ai omis de considérer l'élément psychique se rattachant intimement à notre phénomène. Loin de ne pas reconnaître l'importance de cet élément dans le problème du sommeil, j'ai voulu, au contraire, en faire l'objet d'une étude spéciale. Je suis parfaitement convaincu que cette étude mérite de notre part la plus grande considération, attendu que ce ne sera que grâce à son interprétation la plus exacte que nous parviendrons ensuite à rechercher la nature de la fonction hypnique. Les phénomènes psychiques, en effet, ont une si grande importance dans le sommeil, que plusieurs auteurs n'hésitent pas à affirmer la nature psychique de cette fonction.

A. — LA CONDITION PSYCHIQUE LA PLUS FAVORABLE AU DÉCLANCHEMENT DU SOMMEIL EST LA PERTE DE L'INTÉRÊT POUR LA SITUATION PRÉSENTE ET LA PERTE DE L'ATTENTION.

Dormir, écrit Bergson, c'est se désintéresser. On dort dans l'exacte mesure où l'on se désintéresse. La facilité avec laquelle les enfants et les vieillards tombent dans le sommeil, dépend uniquement du peu d'énergie de leur activité psychique et de ce que, très facilement, leurs centres attentionnels sont épuisés. C'est pour la même raison qu'à chaque moment s'endorment les idiots, les sujets atteints d'hydrocéphale et de tumeurs endocraniennes exerçant une compression corticale considérable. Je suis parfaitement convaincu que si notre attention était continuellement inactive, nous dormirions d'un sommeil très léger et continu comme celui des nouveau-nés. Voici un cas très caractéristique, à ce propos : certain Gaspard Hauser fut enfermé dès son jeune âge dans une chambrette obscure, où il resta jusqu'à l'âge de dix-sept ans ; quand ce malheureux jeune homme fut délivré de sa prison, il dormait presque sans interruption comme un petit bébé ; le moindre effort de son attention suffisait à le replonger dans son sommeil. L'épuisement immédiat de son attention, la perte de l'intérêt pour la situation présente étaient la cause de cet état de léthargie, d'ailleurs très naturel chez un individu qui avait été obligé de vivre pendant de longues années dans une petite pièce sombre et silencieuse, sans prendre la moindre part à la vie extérieure, et se trouvant dans l'impossibilité d'éprouver toute stimulation propre à exciter l'activité de ses centres sensoriels. Nous remarquons aussi que, chez beaucoup d'animaux, la perte de l'intérêt pour le monde extérieur favorise le sommeil ; les chiens et les chats, par exemple, s'endorment à chaque instant dès que leur attention n'est pas attirée par une stimulation extérieure. Chez nous aussi l'attention disparaît pour faire place au sommeil, quand il nous arrive d'assister à un spectacle très ennuyeux et que nous perdons tout intérêt à écouter. Le sommeil volontaire se produit également par ce mécanisme. Quand nous désirons nous endormir, nous cherchons d'une façon instinctive à nous désintéresser de la situation présente, nous dérobant à toute excitation extérieure par le silence, par l'obscurité, ou en fatiguant notre attention par des impressions monotones. Il nous serait très difficile d'obtenir le sommeil volontaire tout en gardant un certain intérêt pour la vie extérieure. Ce sont, en effet, les émotions qui, nous empêchant de perdre tout intérêt pour la situation présente, causent le plus souvent l'insomnie. La volonté même de ne pas dormir, l'intérêt que nous avons parfois à ce que le sommeil ne s'empare pas de nous, peuvent dominer pour un certain temps le besoin de dormir.

Souvent un acte énergique de notre volonté peut vaincre même le sommeil des montagnes (Mosso).

B. — Le sommeil implique d'ordinaire le consentement de celui qui s'endort

Le sommeil, à moins qu'il ne soit très impérieux et qu'il n'ait pas été précédé d'une veille très prolongée, ne peut généralement atteindre un individu sans que celui-ci y consente. Les enfants, pour faible que soit leur volonté, ne s'endorment pas malgré eux, et s'il nous est possible de vaincre leur obstination sans trop de difficulté, cela dépend seulement de la facilité avec laquelle nous pouvons, au moyen de quelques stimulations suggestives, détourner leur esprit de l'idée préconçue de ne pas vouloir dormir. La léthargie hibernale, elle-même, implique le consentement de l'animal qui va s'endormir ; s'il est captif, il recule de quelques mois son sommeil. Les loirs de Mangili et de Forel, par exemple, qui n'étaient pas en liberté, ne s'endormirent pas dans la période d'hiver. Malgré le froid rigoureux, il est rare que les marmottes se livrent à leur long sommeil si elles se trouvent à l'air libre.

C. — Stimuli psychiques du sommeil

Nous avons vu que le sommeil se manifeste d'autant plus facilement que l'énergie psychique est plus déprimée et que l'intérêt pour la situation présente est moins vif. Il nous faut admettre cependant que, dans les conditions normales, ce sont souvent les stimuli psychiques les excitants qui facilitent notre sommeil d'une façon toute particulière. Le simple désir de nous endormir suffit souvent à nous faire éprouver la sensation du sommeil. Nous pouvons généralement nous endormir quand nous le voulons. La volonté peut favoriser l'assoupissement : on peut, si on le désire, recommencer à dormir, même après le réveil du matin. Le

défaut de volonté peut engendrer l'insomnie (Janet, Clapa_
rède). La volonté peut également retarder le sommeil : Patrick et Gilbert l'ont reculé effectivement pendant quatre-
vingt-dix heures. Le sommeil est souvent induit par
suggestion (Forel, Vogt): la vue du lieu où l'on est accoutumé de dormir, la position étendue, la notion de l'heure,
la notion d'un certain temps de veille écoulé, la vue d'autres personnes dormant, etc., provoquent la sensation du
sommeil (Claparède). L'habitude exerce aussi sur le sommeil une influence remarquable. Nous pouvons modifier à
notre guise les heures de notre sommeil. Il y a des animaux
qui dorment à tout moment (les chiens et les chats, etc.),
d'autres qui ne s'endorment que la nuit, d'autres le jour.
Nous connaissons tous des personnes qui ont l'habitude de
dormir deux ou trois heures par jour et d'autres qui ne s'assou_
pissent que toutes les vingt-quatre ou les trente-six heures. Il y a beaucoup d'infirmiers qui dorment chaque deux
nuits, sans que leur santé se modifie. Certaine Elisabeth
Perkins dormait habituellement une semaine sur deux.
Macnish écrit que le Dr Moore dormait pendant vingt-quatre heures de suite. Nous pourrions facilement nous accou-
tumer à dormir pendant quelques heures seulement. Napoléon ne dormait généralement que trois ou quatre heures,
et cela malgré son activité prodigieuse, malgré son travail
quotidien si intense. Un jeune homme appartenant à un
Institut militaire avait été obligé pendant un certain temps,
pour cause de service, de dormir seulement quatre à cinq
heures au lieu de sept à huit comme d'habitude ; je lui
demandai si ce défaut de sommeil lui avait causé quelque
inconvénient; il me répondit que non, ajoutant cependant
que, pendant ces quatre heures, son sommeil avait été
beaucoup plus profond qu'auparavant; il ronflait, en effet,
comme ses compagnons qui avaient été également obligés
de limiter leurs heures de sommeil. Dans ce cas le sommeil avait gagné en profondeur ce qu'il avait perdu en longueur : son action réparatrice était donc parfaitement la
même.

D. — Sommeil partiel

L'on dit généralement que le sommeil est partiel lorsque le réveil est facilement provoqué par certains excitants ayant un intérêt spécial pour l'individu qui dort, tandis que d'autres stimuli qui excitent pourtant nos sens avec plus d'intensité, n'ont pas la même faculté. Une mère, par exemple, peut se réveiller au plus léger mouvement de son enfant, tandis que le bruit des voitures passant dans la rue n'interrompt pas son sommeil. L'ouvrier qui s'endort pendant le jour à côté de sa machine, ne se réveille pas au bruit de l'usine, ni aux cris de ses camarades, mais son sommeil s'interrompt brusquement aussitôt que la machine s'arrête, et cela par suite de l'émotion qu'il éprouve à l'interruption de son bruit habituel. Le soldat qui dort dans la caserne, tressaille au son de la trompette. La plupart des auteurs affirment que la rapidité avec laquelle certains stimuli provoquent le réveil, provient de ce que l'attention veille pour ces excitants pendant le sommeil. Je ne crois pas que les faits que nous venons de signaler, permettent cette conclusion. Claparède dit avec raison que l'attention n'est pas une entité qui ait une existence indépendante, mais une fonction qui n'entre en jeu que si elle est stimulée. La question est de savoir maintenant la raison pour laquelle un ordre déterminé de stimuli provoque cet état d'attention et, par suite, le réveil avec plus d'efficacité que les autres. Or tout s'expliquerait en supposant que certaines cellules cérébrales conservent pendant le sommeil leur sensibilité, leur excitabilité. C'est précisément la sensibilité qui préside à la faculté d'attention, de même qu'à toute activité réflexe. C'est par la sensibilité que les stimuli se transforment en réactions conscientes et déterminent le réveil. La persistance de la sensibilité de certaines cellules pendant le sommeil explique parfaitement le fait qu'elles révèlent une réactivité spéciale aux stimuli doués d'un coefficient affectif, d'un intérêt particulier pour l'individu qui dort, car on sait que le développement de l'attention a pour condition fondamentale l'intérêt, l'émotion. Supprimez l'émotion, écrit Ribot, et l'attention disparaîtra. Or, il est bien compréhensible que les excitations possédant un intérêt particulier pour le dormeur, savoir des bruits légers mais insolites, le petit mouvement du bébé pour sa mère, etc., provoquent la faculté d'attention et le réveil plus facilement que des excitations qui ne les intéressent guère.

La définition de sommeil partiel, dans ce cas, est-elle exacte ? Sans doute, la persistance de la sensibilité, de la réactivité si prompte des cellules nerveuses à certains excitants nous révèle qu'elles ne participent pas au sommeil et que ce phénomène est partiel. Mais je remarque aussi que cette définition n'est pas exclusive au cas en question : rien ne s'oppose, en effet, à ce que nous appelions aussi « partiel » le sommeil accompagné de songes, lesquels impliquent l'activité, parfois surprenante, des centres psychiques subconscients; le sommeil est toujours partiel quand il est très léger, par exemple, le demi-sommeil au commencement ou à la fin de sa courbe physiologique. Ce qui distingue surtout, à mon avis, le cas que nous venons d'examiner, n'est donc pas le sommeil partiel, mais le fait que le réveil est plus facile à certains stimuli qu'à d'autres. La définition de *réveil partiel* nous semble, pour ces considérations, préférable à celle du *sommeil partiel*.

E. — LE RÉVEIL PRÉMÉDITÉ

Ce réveil est un cas particulier du réveil partiel. Il consiste dans le transfert à certains stimuli du coefficient affectif propre aux raisons pour lesquelles on désire s'éveiller à telle heure (Claparède). Nous pouvons nous réveiller à volonté si, avant de nous endormir, nous confions un certain intérêt à des signes extérieurs, par exemple à la sonnerie d'une horloge, à un certain degré de clarté du jour, etc. Dans le réveil prémédité aussi, c'est l'intérêt, c'est-à-dire l'émotion contenue dans un certain stimulus, qui provoque le réveil. L'on obtient le réveil prémédité, ainsi que le réveil partiel, au moment où le sommeil diminue considérablement d'intensité, par exemple, dans sa dernière phase, attendu que c'est exactement alors que la sensibilité est plus active et que, par suite, la réaction émotionnelle provenant des stimuli sensitifs est plus énergique. Ces stimuli manquent souvent d'efficacité quand le sommeil est très profond. Quand nous voulons, en effet, nous réveiller à une heure déterminée, nous modérons en quelque sorte notre activité hypnique, en ne nous désintéressant pas entièrement de la situation présente, ce qui fait que notre sommeil est plus léger et que notre sensibilité est plus fine.

F. — Le Rêve

Nous ne saurions abandonner notre étude psychologique sur le sommeil sans jeter un regard sur un de ses plus intéressants phénomènes, le rêve. Le songe dénote la persistance de l'activité psychique pendant le sommeil : il dépend de la quantité plus ou moins grande des traces laissées par les sensations passées. Une impression, écrit Debove, a d'autant plus de chance de provoquer un rêve qu'elle a été moins consciente et plus vive. La condition fondamentale du rêve consiste précisément dans la suprématie d'une idée au coloris émotionnel ou sensoriel, dominant dans le silence de toute activité psychique pendant le sommeil.

Les rêves représentent-ils un phénomène purement normal ? La fréquence avec laquelle les songes accompagnent le sommeil, serait certes favorable à cette affirmation. Certains auteurs admettent même leur utilité. Novalis estime que les rêves servent de cuirasse contre la monotonie, l'uniformité et la trivialité de la vie réelle. Boris soutient la même idée. Claparède admet que le rêve constitue un exercice de création, ayant pour rôle d'exercer certaines activités (imagination créatrice, etc.) utiles à l'espèce et qui n'ont pas toujours l'occasion d'être mises en jeu dans la vie individuelle. Le rêve cependant n'est pas considéré par tous les auteurs, par une conception si optimiste. Liebolt, Esquirol, Winslow, Moureau, Baillarger et De Sanctis font remarquer l'analogie du rêve avec la folie; Adelon avec le délire; Lagriffe dit qu'il n'y a, entre ces divers états, que de faibles différences de degrés. Les rêves, selon De Manacéïne, sont le résultat du même processus qui provoque les hallucinations, lesquelles, ainsi que les rêves, dépendent des traces des sensations qui s'y sont succédé. Les images du songe peuvent, en effet, se transformer en hallucinations véritables. De Sanctis regarde même le rêve comme une hallucination du dormeur. Le même auteur, dans son important ouvrage sur les songes, affirme qu'ils représentent un symptôme très utile pour l'étude de notre vie inconsciente, pour la diagnose de certains états névropathiques. Les rêves ont très souvent leur origine dans les émotions de la veille. Le sommeil des sujets éprouvant peu d'émotions est rarement troublé par les songes: les agriculteurs, les montagnards rêvent très difficilement. Les songes révèlent toujours un léger degré de surexcitation nerveuse ; ils sont très fréquents, en effet, chez les sujets présentant une imagination très éveillée, une émotivité facile, par exemple, chez les femmes, chez les hystériques. Il y a certainement un rapport entre le rêve et l'hystérie ; beaucoup d'auteurs regardent cette affection comme un état de rêve au cours de la veille : bien des manifestations hystériques ont leurs sources dans des émotions oniriques. Féré dit d'une jeune femme qui rêva d'être assaillie par des voleurs et de tomber en fuyant ; après six jours elle fut frappée d'une paraplégie hystérique. Les troubles sensitifs et cénesthésiques constituent aussi l'origine fréquente de nos images oniriques. La faim et la soif font rêver souvent des aliments, des boissons. Les soldats de Napoléon, exténués par la faim après la campagne de Russie, rêvaient des banquets somptueux. Les Croisés sous les murailles de Jérusalem songeaient qu'ils étaient près des fraîches sources de la patrie. Le besoin sexuel provoque souvent des rêves lascifs. Une mauvaise digestion peut causer les songes les plus affreux. Une légère écorchure de la peau nous fait parfois rêver que l'on a été gravement blessés. Descartes, à la suite d'une piqûre d'une puce, rêva qu'il avait été blessé d'un coup d'épée. Par une fausse position du cou nous songeons quelquefois des étranglements. Les hydropiques rêvent généralement l'eau (Hippocrate); les fébricitants, le feu (Adelon).

Parlons maintenant des *rêves intellectuels*, affirmés par Hippocrate, Galène et Burdach; ils représentent la forme la plus élevée de l'automatisme de notre vie sub-consciente. Nous nous souvenons tous des songes intéressants de Burdach qui, en rêvant, découvrit le mécanisme de la circulation sanguine, des songes de Tartin, de Condorcet, de Franklin, ceux de Voltaire qui rêva un des plus beaux chants de son *Henriade*, de Kruger qui trouva la solution d'un problème difficile de mathématiques. Quelques auteurs ont exprimé des doutes sur l'entité de ces rêves. Il ne faut cependant pas oublier que tous nos actes psychiques conscients, même les plus complets et les plus intellectuels, tendent à devenir sub-conscients, grâce à l'exercice et à l'habitude. Il nous est facile, par exemple, de lire à haute voix et de réfléchir en même temps à autre chose, tandis que ce genre de lecture est très fatigant pour les enfants et pour les personnes sans instruction, les obligeant à un effort d'attention considérable. L'on voit souvent des pianistes doués d'une grande habileté qui lisent parfaitement à livre ouvert les morceaux de musique les plus difficiles, tout en étant distraits par une autre pensée. Nous ne pouvons pas d'ailleurs affirmer que l'intelligence n'y soit pour rien dans les phénomènes inconscients et, entre autres, dans le rêve. « Dans le champ de l'inconscient — « écrit Bianchi — sont conservées toutes nos synthèses « mentales; c'est l'inconscient qui prépare dans ses usines « le matériel que la conscience évoque plus tard. Le dis- « cours de l'orateur qui improvise, la pensée géniale surpre- « nant la conscience même, sont la preuve la plus irréfra- « gable du travail de l'inconscient. L'inconscient, c'est le « grand architecte du génie. »

Salomon et Stein ont démontré que certains individus peuvent accomplir, grâce à l'exercice, des phénomènes sub-conscients et des actes automatiques assez compliqués. De Angélis dit, de même, que dans le psychisme inférieur automatique inconscient subsistent des sensations, des associations d'idées, des raisonnements et des décisions comme dans le psychisme supérieur. Il ne faut donc pas nous étonner si des sujets doués d'une grande intelligence, tels que Burdach, Franklin, Voltaire, ont pu pendant le rêve et d'une façon purement automatique et sub-consciente, évoquer des pensées et des jugements géniaux. Weygandt a prouvé, d'autre part, que le sommeil des dernières heures de la nuit possède une action réparatrice spécifique sur certaines fonctions mentales, telles que la mémorisation, l'imagination. Rien de plus vraisemblable, par conséquent, qu'à la fin du sommeil, quand celui-ci constitue presque un état de passage entre le sommeil et la veille, et quand l'énergie psychique sub-consciente se réveille, rien de plus vraisemblable, dis-je, qu'à ce moment la fonction de l'imagination, de la mémorisation se perfectionne, devienne plus nette et puisse, en conséquence, faire résoudre des problèmes très difficiles, dont la solution n'avait pas été possible pendant l'état de veille antécédent. Les rêves intellectuels sont cependant très rares. En général le songe démontre une fausseté de jugements, une incohérence qui témoignent du désordre causé par le sommeil dans nos facultés mentales. Les songes intellectuels révèlent un degré d'automatisme de l'activité psychique sub-consciente qui n'est certainement pas normal et qui présente une certaine analogie avec l'automatisme propre au somnambulisme. L'on remarque, en effet, chez Burdach, l'association des songes intellectuels avec des actes somnambuliques.

G. — L'IMPORTANCE DE L'ÉLÉMENT PSYCHIQUE
DANS LE SOMMEIL

S'il nous fallait maintenant résumer nos considérations sur l'élément psychique dans le sommeil, nous devrions convenir que son influence s'exerce surtout au début de l'acte hypnique proprement dit ; ce sont les stimuli psychiques qui, dans les conditions ordinaires, favorisent l'endormissement de même qu'ils provoquent le déclanchement d'autres fonctions sécrétoires, comme la digestion, la miction, la défécation, etc. L'importance cependant de l'élément psychique diminue à mesure que le sommeil devient plus complet, plus profond. Ce phénomène, en effet, dans son expression la plus complète et essentiellement physiologique, implique la perte de toute énergie mentale, le repos absolu des centres psychiques. Les rêves ne constituent pas une objection à cette conclusion, car ils démontrent, le plus souvent, un sommeil incomplet, un sommeil qui a perdu considérablement de son intensité. Le sommeil profond, écrit Burdach, n'est que rarement troublé par les songes. L'on constate aussi que l'importance de l'élément psychique cesse tout à fait lorsque le besoin du sommeil est très impérieux : dans ce cas, c'est la fonction hypnique qui l'emporte sur l'activité psychique, même sur la volonté, sur l'intérêt pour la vie extérieure.

On peut donc conclure que le facteur psychique et la fonction hypnique représentent deux éléments parfaitement antagonistes ; l'influence de l'un augmente quand l'énergie de l'autre diminue, et vice-versa : ce qui s'accorde parfaitement avec l'idée que le sommeil consiste non pas dans une activité psychique, mais dans le véritable repos de cette activité.

§ 3. — Caractères différentiels entre le sommeil et les autres états analogues.

La description que nous venons de faire des principaux caractères physiologiques du sommeil, nous permet d'établir une distinction entre ce phénomène et d'autres états avec lesquels on le confond assez souvent. C'est certainement pour n'avoir pas considéré l'importance de ces caractères que le sommeil a été pendant longtemps confondu avec la mort ou la syncope (Fleming). On appelle encore aujourd'hui « sommeil » l'état d'hypnose, la léthargie hystérique. Brown-Séquard a défini le sommeil une inhibition de l'activité intellectuelle, semblable à celle qui se manifeste dans l'hypnose hystérique, dans l'épilepsie et dans les lésions traumatiques du cerveau. Sollier a donné le nom de sommeil à l'hystérie. On qualifie aussi du même nom l'immobilité prolongée ou les longs assoupissements des aliénés, l'état de dépression psychique que l'on remarque dans les tumeurs craniennes, dans l'hydropisie des ventricules, dans l'œdème cérébral, ainsi que l'immobilité causée par les courants électriques. L'on ne fait presque pas de distinction entre le sommeil et la léthargie des amphibies et des infusoires, entre le sommeil et l'état d'immobilité des animaux qui sont placés dans une attitude qui ne leur est pas habituelle. Or, je voudrais m'opposer à cet abus de donner le nom de sommeil à des états n'ayant rien de commun avec lui, si ce n'est la propriété de supprimer la conscience du moi. Le sommeil est caractérisé par des signes tout particuliers qui manquent complètement dans les divers états que nous avons signalés.

A. — L'ÉTAT D'HYPNOSE

L'état d'hypnose se distingue par la perte immédiate de la conscience ; il n'est pas précédé par la sensation spécifique caractérisant le sommeil (appétit du sommeil), ni par cet état de demi-sommeil que nous avons remarqué dans l'acte hypnique physiologique. L'état d'hypnose ne présente pas la courbe caractéristique du sommeil, qui n'atteint son maximum que pendant la première et la deuxième heure, et qui descend ensuite très lentement. Tandis que des stimuli sensitifs les plus légers suffisent pour réveiller une personne qui dort réellement, et cela surtout pendant la première et la dernière phase du sommeil, tandis que certains stimuli plus intenses, tels que les courants électriques, la cautérisation de la peau et la respiration de l'ammoniaque, réveillent immédiatement un individu dans le sommeil le plus profond, le sujet hystérique, au contraire, du début à la fin de l'état d'hypnose, perd la faculté de réagir contre ces fortes excitations sensorielles. Certains stimuli tout particuliers peuvent seulement interrompre très facilement l'état hypnotique ; tels sont, par exemple, le souffle sur les yeux, la compression des ovaires ou d'autre zone hystérogène.

Les muscles du sujet hypnotisé sont légèrement contractés et non pas relâchés comme dans le sommeil quotidien ; les paupières ont un frémissement continu. La pupille, resserrée chez le sujet qui dort, est au contraire dilatée pendant l'état d'hypnose. Le sommeil présente une vaso-dilatation périphérique, l'hypnose une vaso-constriction (Walden). Rien enfin nous prouve que l'état d'hypnose, dans son expression la plus complète, représente un état de repos de l'activité psychique comme celui qui se produit réellement dans le sommeil. Dans l'hypnose, au contraire, les centres psychiques sub-conscients révèlent une énergie spéciale insolite ; la sensibilité extérieure est très active en rapport direct avec le magnétiseur, ce qui permet la manifestation de certains actes que les sujets ne seraient pas capables d'accomplir à l'état de veille ou de sommeil. Nous voyons donc que dans l'état d'hypnose, l'inhibition de la conscience est accompagnée de l'hyperexcitabilité d'autres activités psychiques, ce que l'on ne remarque pas dans le sommeil physiologique.

B. — La léthargie hystérique

Nous pourrions faire les mêmes considérations à propos de la léthargie hystérique. L'attaque de léthargie est caractérisée par une hyperexcitabilité musculaire très accentuée, par un frémissement vibratoire des paupières, par des convulsions des globes oculaires, par la température légèrement élevée (37°6 38°2), par des troubles particuliers de la sensibilité, par l'anesthésie totale, générale et spécifique, par des zones hyperesthésiques dont l'excitation peut interrompre le sommeil. Les sujets conservent, pendant la léthargie, le contrôle inconscient de leur sensibilité générale et spécifique ; l'influence des agents esthésiogènes (transfert) persiste pendant leurs accès. Briquet, Pitres avaient déjà remarqué la conservation de l'ouïe, ce qui rend les patients susceptibles d'accepter diverses suggestions. La malade citée par Pfedler, dans son sommeil hystérique, se rendait compte de tout ce qui se passait autour d'elle. La léthargie commence et finit par des attaques hystériques ; au cours de l'accès l'on remarque parfois des salutations d'ordre convulsif (Gilles de la Tourette). Charcot considère la léthargie comme une attaque hystérique modifiée ; ordinairement l'on regarde aussi le sommeil prolongé des Fakirs comme une léthargie hystérique cataleptique préformée par l'état d'extase.

Nous venons donc de voir quels sont les caractères différentiels entre le sommeil et la léthargie hystérique, et on comprend parfaitement que Charcot, le plus grand neurologiste du siècle dernier, présentant à ses élèves « la dormeuse de la Salpétrière », ait conclu que le sommeil hystérique, dans tous les cas, ne peut être considéré comme un sommeil naturel, et qu'il se soit demandé ensuite : « Le mot sommeil est-il bon ? »

C. — La crise d'épilepsie

La distinction entre la crise d'épilepsie et le sommeil est parfois très délicate. Nous n'ignorons pas que l'attaque épileptique n'est pas seulement suivie en général d'un sommeil très profond, mais qu'elle est même parfois précédée ou substituée par un accès de sommeil. Dans ce cas le sommeil est un équivalent psychique de l'accès épileptique. Certains signes caractéristiques peuvent nous faire découvrir son origine comitiale ; tels sont la subitanéité de l'attaque hypnique, la difficulté que nous éprouvons à réveiller les patients par des stimulations les plus habituelles, la présence de spasmes musculaires, l'incontinence des urines et des fèces. La crise de sommeil épileptique est en général suivie d'une amnésie très prononcée et d'un état d'apathie et d'hébétude caractéristique bien en contraste avec la lucidité mentale dont on jouit après le sommeil physiogique. Les bromures qui favorisent le sommeil normal ont, au contraire, une action généralement bienfaisante dans les crises de sommeil épileptique.

D. — Le sommeil électrique

Plusieurs signes propres à l'inhibition épileptique s'observent dans le sommeil électrique. Nous savons que le passage d'un courant électrique intense à travers les centres nerveux provoque une perte instantanée de la conscience, telle que nous l'observons dans le sommeil chloroformique (Leduc). Interrompez le courant, et le réveil se produira soudain. L'état d'inhibition électrique est précédé souvent d'une phase d'excitation, d'une contraction généralisée ; la respiration est suspendue. L'on remarque ensuite que la respiration est plus accélérée, que les mouvements respiratoires ont plus d'ampleur, que le volume de la poitrine augmente sensiblement, et parfois que les mouvements respiratoires subissent un arrêt entre l'inspiration et l'expiration.

L'animal assoupi par l'électricité ne répond pas aux stimuli sensitifs même les plus énergiques, et peut subir de graves opérations sans réagir ; il présente souvent une congestion du visage, une légère contraction des muscles de la face, du cou et des membres ; il se produit aussi une certaine augmentation de la pression sanguine, et parfois l'incontinence des fèces et des urines. Or, ces signes ne rappellent-ils pas exactement le tableau symptomatique de la crise d'épilepsie que nous venons de décrire? Le sommeil électrique est, sans contredit, le résultat d'une inhibition parfaitement analogue à celle qui caractérise la crise d'épilepsie. Nous ne trouvons dans le sommeil électrique aucun signe particulier du sommeil physiologique, si ce n'est la perte de la conscience. Le nom de sommeil n'est donc certes pas approprié à un tel état, et nous serions bien plus logiques en le définissant avec Leduc « un état d'inhibition cérébrale électrique. »

E. — L'ÉTAT D'IMMOBILITÉ DE CERTAINS ANIMAUX (POULETS, PIGEONS, GRENOUILLES, ETC.), QUAND ILS SONT PLACÉS DANS UNE POSITION QUI NE LEUR EST PAS HABITUELLE

L'immobilité des grenouilles, tenues sur leur dos, des poulets avec la tête entre les ailes, est considérée comme une variété du sommeil, un état hypnotique (Gley). Le prétendu sommeil des poulets, écrit pourtant Czermak, n'est point un vrai sommeil, c'est un phénomène d'inhibition par l'effroi : la respiration est, en effet, haletante, les yeux écarquillés, la crête et la barbe très pâles, ce qui n'est pas dans le sommeil. Mosso et Preyer le considèrent également comme un état cataleptique qui suit la frayeur. Les cochons d'Inde, les plus sensibles à l'effroi, se rendent immobiles dès qu'on les saisit ; ils restent pendant des heures entières dans cet état ; les lapins, dix minutes, les grenouilles, une heure. Souvent les animaux tremblent fortement, perdent leurs urines, les fèces et présentent un ralentissement remarquable de la circulation et de la respiration ; il n'est pas rare qu'ils passent de cet état d'immobilité à la mort. Contrairement à ces conclusions, Pieron admet que l'immobilité protectrice des animaux est un acte instinctif de défense. La conception de Pieron n'exclut cependant pas que cet acte instinctif soit provoqué et accompagné d'un degré plus ou moins grand d'effroi. Il est incontestable, dans tous les cas, que cet acte ne présente aucune analogie avec le sommeil.

F. — Les pseudo-sommeils des aliénés

Ces pseudo-sommeils ont été décrits par Legrand, Du Saule, Seimelaigue, Rousseau, Camusset, Benjamin ; ils sont surtout remarqués dans les formes mélancoliques. Cet état apparent du sommeil est souvent très prolongé ; il dure quelquefois même pendant des années.

Le Dr Szezykiorsky en a cité plusieurs exemples, en faisant remarquer que dans les sommeils en question, ce qui touche à la vie de relation n'est pas suspendu ; les malades mâchent et avalent comme d'ordinaire ; l'émission des sons est conservée et la sensibilité n'est pas abolie. Dans un de ces cas, le patient répondait au médecin qui l'interrogeait : « C'est ma psychose ! » J'estime que cette description est suffisante pour justifier la distinction entre ces sommeils apparents ou pseudo-sommeils et le sommeil réel.

G. — L'état de léthargie des invertébrés

La plus grande partie des auteurs ne regardent pas l'état de léthargie hibernale des invertébrés comme un véritable sommeil ; ils le considèrent comme un état passif dépendant du froid qui ralentit la vitalité des animaux.

La vie latente des infusoires suit le desséchement. Le

sommeil estival des protoptères serait, d'après Giard, secondaire à l'anhydrobiose qui diminue tous les phénomènes vitaux. Nous ne trouvons pas dans la léthargie des
invertébrés ni les stimuli psychiques, ni la courbe spéciale
caractérisant le sommeil.

H. — Distinction entre le sommeil et l'état d'apathie psychique, le coma etc.

Il faut établir aussi une distinction entre le sommeil et
l'état d'apathie, de torpeur psychique, d'hébétude, que l'on
observe dans certaines affections et, particulièrement, dans
les tumeurs du cerveau, dans l'hydropisie ventriculaire,
dans l'œdème cérébral et dans les intoxications très graves
des centres nerveux.

Le coma représente le degré maximum de cet état. « Le
coma » écrit Raymond « est caractérisé par le pouls ample
et fort, semblable au pouls cérébral ; la respiration est
plus ample que dans le sommeil, souvent stertoreuse ; mais
ce qui distingue surtout le coma du sommeil, c'est que les
excitations les plus fortes sont impuissantes à réveiller un
sujet plongé dans le coma ». Cet état de torpeur, d'apathie psychique est, le plus souvent, la conséquence de la
destruction des éléments les plus essentiels de la cellule
nerveuse, les neurofibrilles, lesquelles président à l'activité psychique, à la veille, tandis que le sommeil dépend
seulement d'une simple modification physiologique de la
cellule nerveuse, modification qui exige pour se produire
son activité nourricière normale.

I. — Distinction entre le sommeil et le sommeil artificiel (chloro narcose, éthéro-narcose)

Nous devons établir enfin la distinction entre le sommeil et la chloro-narcose, l'éthéro-narcose, qui ne représentent pas un sommeil proprement dit ou une modification de

cette fonction, mais la suspension de la fonction psychique due à la pénétration dans la cellule corticale de certaines substances ayant la propriété de paralyser très rapidement l'activité nerveuse. Overton, Meyer, Baum ont démontré que le pouvoir narcotique des substances chimiques les plus variées, est directement proportionnel à leur solubilité dans les corps gras. Winterstein constate que les narcotiques déterminent des phénomènes de désintégration dans les éléments nerveux, ne présentant aucune analogie avec le sommeil naturel.

Nous pouvons ainsi conclure que ce qui définit le sommeil et le distingue des états analogues, n'est pas la suspension des facultés psychiques, de la conscience que l'on remarque aussi dans le coma, dans la syncope, dans la torpeur psychique des vieillards, dans la crise épileptique et dans d'autres états analogues, mais c'est la faculté qu'il possède de se déclancher par un stimulus spécifique, tel que la sensation du sommeil, ou par des stimuli psychiques particuliers, de même que la capacité du réveil par des excitations habituelles. On ne pourra jamais appeler « sommeil » un état manquant de ces propriétés caractéristiques : nous le regarderons, au contraire, comme un état purement passif des centres nerveux, déterminé par les causes les plus variées, les intoxications, la compression, l'anémie cérébrale, une action inhibitrice, etc.

Maintenant que nous avons établi la distinction entre le sommeil et les états analogues, revenons à notre phénomène et tâchons d'en définir la cause, la nature.

§ 4. — La cause du sommeil.

La cause efficiente du sommeil, d'après la plupart des auteurs, consiste dans la fatigue, dans l'usure des tissus produite par l'activité de la veille. La théorie toxique est la plus répandue ; elle est soutenue par Obersteiner, Binz, Rachel, Rosenbaum, Lahusen, Dubois et Errera ; cette théorie admet que le sommeil est dû à une intoxication des centres nerveux par les déchets s'accumulant périodiquement dans l'organisme. Voyons quelle est la valeur de cette doctrine.

Le mérite principal de la théorie toxique, il faut en convenir, consiste en ce qu'elle rattache la phase de la veille à celle du sommeil (Claparède). L'intensité du sommeil est effectivement en rapport direct avec la durée de la veille. Il est vrai que, le matin, nous pouvons recommencer à dormir après notre sommeil ordinaire, mais le sommeil est alors généralement très léger et peu réparateur ; si, au contraire, nous restions éveillés pendant 24 ou 36 heures, notre sommeil, sans doute, serait ensuite plus profond qu'il n'est d'habitude [1]. La plus grande profondeur de ce sommeil provient de ce que la veille implique toujours un degré d'intoxication et d'usure de nos tissus, qui augmente en raison directe de sa durée. En effet, le métabolisme organique, très actif au cours de la veille, provoque l'élimination de déchets toxiques qui seraient très nuisibles à l'organisme, s'ils n'étaient pas éliminés ou neutralisés par des organes glandulaires spéciaux exerçant une fonction émonctoire ou antitoxique. Nayrac dit, fort à propos, que : « *Vivre, c'est se fatiguer* ». « Ogni atto volontario — écrit Mosso — è l'effetto di una « combustione interna, la quale, insieme ai residui delle « sostanze che si distruggono lascia come una fuliggine « ed un lungo strascico nell' organismo. »

Si, pendant la veille, le métabolisme organique était plus actif, l'intoxication qui en résulte serait certes plus forte, et le sommeil plus long et plus profond. Les vieillards dorment moins que les enfants et les adultes, par rapport auxquels ils présentent un métabolisme organique très ralenti. Le paysan dort plus profondément que le rentier qui évite la fatigue musculaire. Notre sommeil serait d'ordinaire plus

---

1. Il ne faut pas mesurer l'intensité du sommeil seulement par sa durée, mais aussi par sa profondeur. Plus l'organisme a besoin de récupérer ses forces, plus le sommeil est profond ; un sommeil très court mais profond peut avoir une très grande influence restauratrice (Claparède).

profond si pendant la veille nous nous fatiguions davantage
par le mouvement et par d'autres exercices musculaires.
C'est une observation vulgaire que le besoin de sommeil
dépend de la fatigue. L'on cite beaucoup d'exemples de
sommeils extrêmement longs après une rude fatigue; ainsi
Salmouth parle d'une jeune fille qui, étant excessivement
fatiguée, dormit pendant quatre jours et quatre nuits ;
Félix Plater dit qu'un jeune homme qui avait dansé deux
jours, eut un sommeil continu de trois jours et de trois
nuits. Il est donc incontestable que la fatigue est presque
un stimulus spécifique de la fonction hypnique. Bon nombre d'individus au métabolisme organique ralenti, réussis-
sent à peine à s'endormir lorsqu'ils ne sont pas suffisamment fatigués, tandis qu'une courte promenade avant de se
coucher suffit à les faire dormir. Or, cette fatigue n'est autre
chose qu'une intoxication. La sensation de fatigue est une
sensation d'alarme qu'on éprouve lorsque l'intoxication
produite par les déchets de notre métabolisme atteint un
degré très élevé ; cette sensation est providentielle en tant
qu'elle détermine une inhibition de notre activité, avant que
celle-ci provoque l'épuisement de nos énergies. L'intoxication cependant, qui dépend de l'état de veille, ne surgit
pas à la dernière heure avec la sensation de fatigue, mais
elle commence à partir des premiers moments de la veille,
de sorte que même après quelques heures seulement de
veille, nous pouvons bien dire que nous ne sommes pas
fatigués, mais nous ne pourrons point nous affirmer *non
intoxiqués*. On peut être sûr au contraire que si cette intoxication était plus faible, le besoin de sommeil serait également moins sensible. Stassano a remarqué, en effet, que
si l'on favorise chez les oiseaux l'exhalaison d'acide carbonique, l'on recule de quatre heures le moment de leur sommeil habituel, tandis que si on leur fait respirer une atmo-
sphère plus riche du même gaz, l'heure du sommeil en est
sensiblement avancée. Nous voyons aussi que les intoxications constituent la cause la plus fréquente de l'augmentation du sommeil. La somnolence des myxœdémateux, des
obèses, celle que l'on remarque dans les affections hépati-

ques, gastriques, rénales, sont très souvent d'origine toxique et disparaissent avec la suppression du stimulus causal. Beaucoup de cas de narcolepsie ont la même origine. Le sommeil physiologique aussi ne subsisterait certes pas sans l'intervention des produits toxiques du métabolisme. La fonction hypnique ne précède donc pas l'intoxication de notre organisme, ainsi que l'on a affirmé récemment par opposition aux théories chimiques, mais il en est une conséquence directe. Le sommeil précède l'épuisement, dit justement Claparède, mais cet épuisement est pourtant quelque chose de plus qu'une intoxication ; il représente le maximum de la fatigue, l'inexcitabilité des organismes par les stimuli physiologiques. Or, le sommeil est précisément une fonction de défense, ayant pour but d'empêcher que cette intoxication puisse déterminer l'état d'épuisement.

Tout en admettant que la cause du sommeil est une intoxication de notre organisme, nous sommes cependant bien loin d'affirmer que le sommeil est un phénomène toxique des centres nerveux, ainsi que la théorie toxique le considère. Claparède, Bonservizi se sont opposés très justement aux conclusions trop hardies de cette théorie. Le sommeil n'est point un phénomène d'intoxication, mais il est sans doute un phénomène de nutrition de nos cellules nerveuses. Une intoxication frappant d'une façon directe ces éléments cellulaires ne pourra jamais provoquer leur réintégration organique et n'aura jamais une action réparatrice spécifique telle que nous la voyons dans le sommeil. Il n'y a peut-être pas une intoxication qui, en agissant d'une façon directe sur les cellules nerveuses, c'est-à-dire sur les éléments cellulaires plus sensibles aux agents toxiques, n'y provoque les plus graves altérations histologiques. La conception toxique du sommeil n'est pas seulement antiphysiologique, comme dit très bien Claparède, mais elle est même en opposition avec plusieurs faits biologiques. Pourquoi, se demande-t-on, cette intoxication qui se répète quotidiennement, pendant huit ou neuf heures consécutives, n'altère-t-elle en rien le tissu nerveux qui en a été le siège ? La théorie toxique ferait du sommeil un état négatif, passif, presque anormal des centres nerveux ; l'intoxication agirait comme un excitant brut sur eux. Si, pendant le sommeil normal, le cerveau était réellement le siège d'une intoxication, il y aurait bien de quoi s'étonner qu'un individu que l'on réveille du plus profond sommeil, puisse reprendre, peu de minutes après, ses occupations, et avec la même lucidité mentale dont il jouissait pendant la veille. Quel mécanisme pourrait-on invoquer pour expliquer une élimination si prompte des substances toxiques ? La théorie toxique ne peut également pas expliquer l'influence des stimuli psychiques dans le sommeil ; elle ne nous dit pas de quelle façon la volonté peut favoriser ou retarder l'assoupissement ; elle ne peut pas non plus nous fournir d'explications sur l'influence de l'obscurité, des excitations monotones, de la suggestion sur le sommeil, etc. D'après la théorie toxique, nous devrions nous attendre à un parallélisme entre l'intoxication des centres nerveux et le sommeil, parallélisme qui n'existe pas toujours ; l'individu excessivement fatigué et dont le cerveau est réellement intoxiqué, ne peut pas dormir ou du moins ne jouit que d'un sommeil imparfait. Ceux qui prétendent que le sommeil est provoqué d'une façon directe par une intoxication des éléments nerveux, soutiennent aussi, d'après leur thèse, que la sensation du sommeil est déterminée par l'accumulation des substances toxiques dans les centres nerveux. Or, l'appétit du sommeil est une sensation caractéristique spécifique de notre phénomène, et il faut la distinguer nettement de la sensation de fatigue avec laquelle on la confond généralement. Nous pouvons nous sentir très fatigués et n'éprouver nullement le besoin de sommeil, de même que nous pouvons éprouver une sensation de sommeil très vive, sans être fatigués. Quand une lecture ou bien l'audition d'une musique monotone nous ennuie, nous éprouvons la sensation de sommeil, parfois très intense, sans être cependant fatigués, intoxiqués ; l'appétit du sommeil peut, en effet, disparaître peu de minutes après, si un passage du livre que nous lisons attire notre attention. Cette sensation ne disparaîtrait certes pas aussi rapidement, si elle était provoquée par la fatigue, par une intoxication réelle des centres nerveux ! Les expériences que Pieron a faites contribuent aussi à établir une distinction entre l'appétit du sommeil et la sensation de fatigue. Cet auteur injectait chez des animaux parfaitement sains le sang d'autres animaux fatigués, n'ayant point dormi et souffrant d'un grand besoin de sommeil ; les animaux qui avaient subi ces injections apparaissaient fatigués et intoxiqués, mais ils ne pouvaient point s'endormir. On peut donc conclure que l'intoxication, tout en étant la cause initiale de la fonction hypnique, n'équivaut pas au sommeil lui-même. Le sommeil ne représente donc pas un phénomène d'intoxication des centres nerveux, mais une fonction de défense contre une telle intoxication : les graves altérations dystrophiques, la chromatolyse que l'on remarque chez les animaux morts d'insomnie expérimentale, témoignent précisément des effets directs de cette intoxication sur les tissus nerveux. La conclusion pourtant que cette intoxication n'existe pas dans les centres nerveux pendant le sommeil, ne doit pas nous faire admettre qu'elle ne subsiste pas dans notre organisme. Le métabolisme organique, comme nous l'avons déjà dit, implique toujours pendant la veille l'élimination de déchets toxiques. Ces déchets sont justement les stimuli les plus propres à exciter l'activité fonctionnelle des organes émonctoires et des glandes à sécrétion interne présidant à la nutrition de nos tissus. Si, par conséquent, la veille est la cause du sommeil, nous devrons en conclure logiquement que l'intoxication provenant de la veille constitue le stimulus initial, la cause de la fonction hypnique. Voilà, à mon avis, le seul point inattaquable de la théorie toxique, le meilleur argument à l'appui des théories chimiques.

§ 5. — La nature de la fonction hypnique.

A. — Nature active du sommeil

Le sommeil, nous l'avons vu, est un phénomène de nutrition, de réintégration pour l'organisme. Or, il est bien compréhensible que ce phénomène de nutrition ne peut d'aucune façon être considéré comme un état négatif, mais que l'on doit, au contraire, regarder comme une activité positive. Cabanis considérait, en effet, le sommeil comme un état actif, une fonction spéciale du cerveau. Sergueyeff définit le sommeil une fonction végétative et non un simple arrêt d'activité. De Sanctis admet aussi que : dormir est une fonction positive de l'organisme. A. Forel, O. Vogt, P. Janet, Naville sont du même avis. Mais celui des auteurs qui a le plus insisté sur la nature active de notre phénomène, est Ed. Claparède. *Le sommeil*, conclut le savant psychologiste de Genève, *n'est pas un état purement négatif, passif, il n'est pas la conséquence d'un simple arrêt de fonctionnement, il est une fonction positive, un acte d'ordre réflexe.*

La conception positive du sommeil peut sembler, de premier abord, en désaccord avec l'idée qui domine dans la physiologie contemporaine, à savoir que le sommeil représente *un état négatif, la cessation de l'activité spéciale du cerveau* (Bertin). Mais ce désaccord n'existe pas en réalité. Il faut bien distinguer l'activité spécifique des cellules nerveuses de leur activité végétative. Ces cellules peuvent être absolument inactives dans leur fonction spécifique, dans leur fonction psychique, pendant la même période dans laquelle leur activité plastique ou réparatrice est, par contre, très intense. Or, le sommeil exprime précisément le repos psychique mais non pas le repos chimique de la cellule nerveuse, c'est-à-dire la perte de sa fonction végétative. La meilleure démonstration de la nature positive de ce phénomène nous l'avons, sans doute, dans la courbe de la profondeur du sommeil, qui a été décrite par Kohlschutter, Michelson, De Sanctis et Neyroz. Cette courbe, avec son ascension continue pendant les deux premières heures, avec sa ligne lentement descendante, avec sa série d'oscillations, représente une véritable courbe de travail, laquelle peut très difficilement se concilier avec l'idée que le sommeil est un état négatif ou passif ; elle s'éclaircit, au contraire, parfaitement si on le considère comme le résultat d'une fonction, savoir d'une activité positive.

B. — Le sommeil ne peut pas être regardé comme une activité psychique, un instinct, mais il doit être considéré comme une fonction végétative.

Nous voici maintenant à la question la plus difficile à résoudre dans la physiologie du sommeil. *Quelle est la nature de la fonction hypnique ?* Cette fonction appartient-elle à la vie organique, végétative ou bien à la vie psychique ? La solution de cette question s'impose, parce que c'est par elle seulement que nous parviendrons ensuite à établir la nature de l'organe qui préside à la fonction hypnique et à préciser la cause déterminante directe du sommeil proprement dit. Nous avons vu l'importance qu'a l'élément psychique dans le sommeil : les stimuli qui provoquent la sensation du sommeil sont généralement des stimuli psychiques. L'importance de l'élément psychique est telle que trois auteurs distingués (Claparède, Gorter, Brunelli) n'hésitent pas à appeler le sommeil « un instinct », c'est-à-dire un acte psychique. Il est donc tout naturel que nous nous demandions si l'on doit regarder le sommeil comme une fonction psychique. Or, ce n'est qu'en donnant une interprétation juste à l'élément psychique dans le sommeil que nous parviendrons à résoudre cette question. Nul ne met en doute l'influence que la volonté, l'habitude et les stimuli suggestifs exercent sur l'endormissement. L'endormissement est certes un acte global qui monopolise l'activité de l'organisme dans son ensemble, un acte ayant l'élasticité, la souplesse caractéristique de l'instinct. C'est dire qu'il est régi par la loi de l'intérêt momentané(Claparède). En effet, si un individu qui va s'endormir, s'aperçoit que son sommeil pourrait l'exposer à quelque danger, il retarde le moment de s'endormir: l'animal, dans ces mêmes conditions, s'enfuit. La recherche d'une couche, le choix d'un endroit où s'endormir, la notion du temps de notre sommeil habituel sont également des actes instinctifs. Ce n'est que par un acte instinctif que les animaux hibernants creusent leur gîte dans des localités sans air et sans lumière, et s'y renferment pour se livrer à leur long sommeil.

Celui qui s'endort prend instinctivement la position qui lui convient le mieux ou qui exige le moindre effort musculaire, et ne bouge pas ; les animaux cachent le museau dans leur fourrure.

Le désir même de dormir est un facteur psychique qui, comme tous les actes instinctifs, peut être mis en branle par des stimuli très divers. De même que le désir sexuel est provoqué par plusieurs stimuli sensitifs, tels que la vue de l'animal de l'autre sexe, le contact, l'odorat, l'ouïe, de même que la vue de la nourriture ou la notion de l'heure du repas provoquent le désir de manger, ainsi le sommeil, comme Claparède fait justement remarquer, peut être provoqué par l'obscurité (ou la lumière chez les animaux nocturnes), par la vue ou la représentation du lieu où l'on est accoutumé de dormir (un fauteuil, un lit, une cachette, une tanière), par une certaine attitude, l'occlusion des paupières, l'idée du sommeil, la vue d'autres personnes dormantes, par la notion de l'heure ou d'un certain temps de veille écoulé, etc.

Le sommeil quotidien est donc assurément précédé par des actes psychiques, par des actes instinctifs; mais faudra-t-il pour cela considérer le sommeil comme une fonction psychique, comme un instinct? Si nous acceptions cette conclusion, nous devrions alors qualifier de fonction psychique la sécrétion gastrique, puisqu'elle est précédée par des actes incontestablement instinctifs, tels que le désir de manger, la recherche de la nourriture, l'action de manger, etc. Or, comme la fonction gastrique n'est pas un instinct, on ne peut non plus regarder le sommeil comme tel. Si l'on entend par instinct un sentiment intérieur, une disposition de l'esprit indépendante de la réflexion, si l'instinct est une opération mentale ayant pour objet certains mouvements tendant à un but déterminé, s'il est défini « l'intelligence fixée par l'hérédité (Vogt) », si l'instinct exprime toujours une activité mentale bien qu'elle soit le résultat d'un automatisme parfait, inconscient (Ribot), si tel est l'instinct, je soutiens que le sommeil ne peut, d'aucune façon, être regardé comme un instinct. S'il existe, en effet, un phénomène qui représente l'état de repos parfait, d'inactivité des fonctions psychiques, tel est, sans doute, le sommeil. L'homme endormi a été comparé, avec quelque raison, à un animal auquel on a enlevé les circonvolutions cérébrales et qui, par suite, ne peut accomplir aucune espèce d'acte psychique. Ainsi le sommeil représente la mort psychique. L'on pourrait, à vrai dire, m'opposer l'objection que le sommeil ne cesse pas d'être tel, malgré l'activité persistante des centres psychiques subconscients ; les rêves ne manquent quelquefois pas d'intelligence ; le réveil partiel et le réveil prémédité impliquent la persistance de la sensibilité dans le sommeil ; mais il faut cependant remarquer que le sommeil qui est troublé par des rêves ne représente pas notre phénomène dans sa manifestation la plus complète, dans sa forme normale, puisque le songe révèle toujours un léger degré de surexcitation mentale : il faut en outre observer que le réveil partiel pour certains stimuli et le réveil prémédité sont généralement précédés d'un sommeil léger. Nous devons, au contraire, envisager le sommeil dans son expression la plus complète, essentiellement physiologique. Or, l'état de sommeil complet ne possède aucune des propriétés caractéristiques de l'acte instinctif, telles que l'élasticité, la plasticité, la dépendance de la loi de l'intérêt momentané. L'individu qui dort profondément peut être volé ou blessé sans qu'il puisse réagir ou se défendre du danger qui le menace. Romanes écrit qu'un caractère distinctif de l'instinct à opposer au réflexe, c'est la mentalité ; le sommeil exprime précisément le repos de cette mentalité. Le besoin de sommeil, — j'entends par cela le besoin réel de dormir dû à une veille prolongée, — s'impose souvent à notre volonté et à notre intérêt. Le sommeil, comme dit Pieron, nous envahit brutalement avec tous les caractères d'un acte réflexe. La sentinelle, peut-on demander, obéit-elle aux lois de l'instinct, lorsqu'en temps de guerre, accablée de fatigue, elle se laisse vaincre par le sommeil impérieux, parfaitement physiologique et réparateur, et cela contre sa volonté, contre son intérêt et tout en prévoyant la plus sévère punition, et même la mort ? Le sommeil possède en outre la particularité la plus caractéristique de l'acte réflexe, celle de constituer la réponse à un stimulus spécifique, savoir la sensation du sommeil, qui est une sensation parfaitement analogue à la faim et à l'appétit sexuel. Quand on désire s'endormir, nous provoquons cette sensation spécifique par divers stimuli psychiques suggestifs. Lorsque la sensation du sommeil est très intense, elle détermine le besoin réel de dormir, qui présente beaucoup de points d'analogie avec le besoin de manger, d'uriner, avec le besoin sexuel, etc. Ces derniers sont réellement des besoins organiques qui, lorsqu'ils sont très intenses, s'imposent à notre volonté, à notre intérêt et même à l'instinct de conservation. Or, du moment que l'on ne peut pas appeler *instinct* le besoin de manger, d'uriner, le besoin de la défécation, etc., nous ne devons pas non plus considérer comme instinctif, le besoin de sommeil. Nous qualifions par contre, et avec raison, d'instinctif le désir de manger, qu'il ne faut cependant pas confondre avec l'appétit [1], quoiqu'il soit généralement provoqué par cette sen-

---

1. L'on définit généralement l'appétit : le désir de manger. Cette définition ne me semble pas exacte, au point de vue scientifique. *L'appétit* est la sensation cénesthésique spécifique que nous référons à notre appareil gastrique et qui très vraisemblablement est due à la turgescence de la muqueuse gastrique, par l'accroissement du volume

sation spécifique ; le rapprochement des deux sexes est aussi le résultat d'un désir instinctif, qui parfois ne disparaît pas chez les eunuques ou chez les vieillards, malgré la perte de leur fonction sexuelle. L'on se garderait bien cependant d'appeler « instinct » la faim ou l'appétit sexuel. Il en est de même du sommeil: le désir de dormir est sans doute instinctif chez tous les animaux, et il est même providentiel qu'il en soit ainsi. Mais à moins que l'on ne puisse appeler *instinct* un acte qui n'obéit pas aux lois de l'instinct, l'appétit du sommeil n'est certainement pas un instinct, puisqu'il s'agit d'une sensation qui, lorsqu'elle est très intense, nous oblige à dormir contre notre volonté, et malgré le danger de notre existence même. Les animaux pour éviter que le besoin de sommeil devienne

des cellules fondamentales des glandes gastriques : on appelle *faim* le degré plus intense de cette sensation interne. L'origine de l'appétit et de la faim sont les terminaisons sensitives de la muqueuse gastrique : l'anesthésie gastrique est accompagnée, en effet, de l'anorexie.

Le désir de manger est l'acte psychique qui normalement provient de la sensation de l'appétit, mais qui peut en être aussi complètement indépendant. On peut éprouver le désir de manger sans le stimulus de l'appétit, de même que la faim subsiste parfois sans le désir de manger. Le désir de manger est instinctif même chez les animaux auxquels on a enlevé l'estomac, ou chez les patients dont les parois gastriques sont engorgées par le carcinome. D'autre part, la faim trop intense ôte souvent l'envie de manger : dans le mal de mer, par exemple, on éprouve la sensation de la faim, mais l'on ne désire pas manger (Schiff). Une distinction existe donc entre l'appétit et le désir de manger, bien que, dans les conditions physiologiques, la sensation de l'appétit soit le stimulus le plus propre à provoquer le désir de manger, de même que ce désir (ainsi que d'autres stimuli suggestifs peut faire naître ou augmenter la sensation de l'appétit.

L'on peut faire les mêmes considérations à propos du sommeil. Il faut établir une distinction entre la sensation spécifique du sommeil, *l'appétit de sommeil*, et l'élément psychique qui en dérive, savoir *le désir de dormir*. Ce dernier détermine ou augmente la sensation de sommeil, de même que l'appétit du sommeil est ordinairement le meilleur stimulus pour déterminer le désir de dormir ; nous pouvons pourtant désirer de dormir sans éprouver la sensation du sommeil, de même que l'on peut ne point désirer de dormir, tout en éprouvant le besoin de sommeil.

impérieux au point de les forcer à dormir malgré eux et dans des conditions défavorables, se livrent instinctivement au sommeil, une ou plusieurs fois par vingt-quatre heures, c'est-à-dire sans attendre qu'une veille très prolongée affaiblisse leur énergie psychique et les rende passifs par rapport au sommeil. Le chien, par exemple, qui veut être, jour et nuit, prêt à défendre le logis de son maître, s'endort d'une façon instinctive à chaque instant dès qu'on le laisse tranquille.

Nous pourrions donc conclure que le sommeil est un phénomène précédé et suivi d'actes purement psychiques, mais qui ne peut être regardé comme une fonction psychique ou un instinct, selon la conception soutenue par Claparède [1] et d'autres biologistes. L'élément psychique est, sans doute, de très grande importance dans l'étude du sommeil, et la doctrine psychologique a le mérite d'en avoir revendiqué les droits, mais son influence, il faut en convenir, est nulle ou du moins presque nulle, dans le sommeil proprement dit, dans l'état morphéique. L'on peut définir le sommeil, dans son expression la plus complète :

1. M. Claparède, avant de soutenir sa thèse, et comme s'il prévoyait les objections qu'on a opposées à la conception instinctive du sommeil, et dans le but d'écarter un malentendu possible, prévient le lecteur qu'il entend par sommeil, non seulement l'état même de léthargie, d'inertie dont se sont seuls préoccupés les auteurs jusqu'ici, mais en raison de la nécessité de considérer les choses à un point de vue plus élevé, il fait rentrer dans le sommeil, en outre de cet état d'inertie léthargique, les actes divers qui sont en connection avec lui, qui le préparent ou qui le terminent. Ce sont : 1° la recherche d'une couche, la prise de l'attitude propre au sommeil ; 2° l'endormissement ; 3° le sommeil proprement dit, l'état morphéique ; 4° les diverses réactions spécifiques de cet état : réactions mentales, rêves ; réactions végétatives ; processus trophiques ; 5° le réveil. Malgré cet avertissement qui justifie de quelque manière la conception de l'auteur, je persiste dans mon opinion que l'on ne peut considérer comme un instinct le phénomène complexe du sommeil, si l'acte fondamental qui le caractérise, c'est-à-dire l'état morphéique, ne répond absolument pas aux lois régissant les actes instinctifs. Admettre que les animaux ont l'instinct de s'endormir est toute autre chose que conclure que le sommeil est un acte psychique, un instinct.

l'inactivité, le repos de l'élément psychique, c'est-à-dire qu'il ne représente pas une activité, une fonction psychique, mais l'état négatif de cette activité. Si l'on ne peut donc regarder le sommeil comme une fonction psychique, il faut logiquement le considérer comme une fonction végétative.

C. — LE SOMMEIL AUGMENTE DANS LES CONDITIONS OU LA VIE VÉGÉTATIVE PRÉDOMINE SUR LA VIE PSYCHIQUE ET DIMINUE DANS LES CONDITIONS OPPOSÉES.

La conclusion que le sommeil est une fonction végétative, même en ne tenant pas compte des objections que l'on peut opposer à une théorie psychologique du sommeil, s'impose par un fait des plus évidents, à savoir que le sommeil augmente dans toutes les conditions où la vie végétative l'emporte sur la vie psychique. Les nouveau-nés dorment presque sans interruption ; les nourrissons s'endorment aussi très souvent. Or, pendant les premiers mois de la vie, les fonctions végétatives prédominent sur les fonctions psychiques. La longueur du sommeil, chez ces petits êtres, diminue en raison directe du développement de leur activité mentale. Les idiots, un grand nombre d'aliénés qui, tout en conservant leurs fonctions végétatives normales, ont complètement perdu leur énergie psychique, sont d'ordinaire très voraces et très dormeurs. L'augmentation du sommeil est considérable pendant la grossesse normale, où l'on remarque un réveil de la vie végétative et une dépression relative de la vie psychique [1]. Le sommeil diminue pendant la sénilité, l'âge où tous les organes de la vie végétative subissent une dépression de leur activité, malgré la persistance, parfois très remarquable, de

---

1. Il n'est pas rare de remarquer des femmes excessivement nerveuses, irritables, au métabolisme organique ralenti, éprouvant un soulagement au commencement de la grossesse, quittes à retomber dans leur état primitif, après l'accouchement.

l'énergie intellectuelle. Les pléthoriques, au métabolisme matériel généralement très actif, se nourrissent abondamment, dorment longtemps et d'un profond sommeil. La somnolence est fréquente chez les obèses, et l'obésité révèle très souvent un état d'hypernutrition (Maurel). Les animaux hibernants sont généralement obèses surtout avant la léthargie. Les larves, dont la vie est essentiellement végétative, dorment plusieurs fois par jour et tombent aussi en léthargie. Le sommeil augmente en général en raison directe de l'activité de la vie végétative ; ainsi les jeunes gens, à l'âge de croissance, présentent une accélération du métabolisme organique musculaire et osseux ; ils ont plus d'appétit, ils jouissent d'une digestion très facile ; l'appétit sexuel commence à se faire sentir, et le besoin du sommeil devient plus impérieux.

Au printemps, avec l'élévation de la température on remarque un réveil dans la vie végétative et dans les besoins organiques, tels que l'appétit de manger, l'appétit sexuel et l'appétit du sommeil. Rappelons-nous l'adage italien « *dolce aprile, dolce dormire* ».

Nous pouvons aussi citer une série de préparations médicinales, entre autres les phosphates, qui activent toutes les fonctions de nutrition ; l'amélioration des fonctions gastriques, musculaires et sexuelles se joint d'ordinaire à l'augmentation du sommeil. L'automobilisme exerce aussi une action bienfaisante sur le métabolisme organique, sur les fonctions digestives, sur le sommeil, etc.

Tandis que le sommeil augmente en raison directe de l'activité végétative de l'organisme, il diminue quand la vie psychique prédomine. L'on remarque que le sommeil est ordinairement très limité chez les personnes exerçant leur intelligence d'une façon très active. Nous en avons un exemple très évident en Humboldt, qui dormait seulement deux ou quatre heures et qui, travaillant toujours, a vécu jusqu'à l'âge de quatre-vingt-neuf ans. Cicéron était très sobre dans ses repas et dans ses sommeils. Napoléon, Kant, Gœthe, Voltaire, Chatterton et Schiller dormaient très peu. L'activité psychique est généralement accompagnée d'un ralentissement du métabolisme organique et d'une diminution de l'énergie de toutes les fonctions végétatives.

Tous les faits que nous venons de signaler, seraient inexplicables s'il nous fallait placer le sommeil parmi les fonctions psychiques et non parmi les fonctions végétatives. Le sommeil représente, en outre, un phénomène de nutrition pour les centres nerveux et, comme tel, il ne peut être classé que dans la vie organique ou végétative. Le fait que le siège du sommeil est dans les cellules nerveuses ne constitue pas, nous l'avons vu, une raison suffisante pour définir ce phénomène « une fonction psychique ». Les cellules nerveuses ne possèdent pas seulement une vie psychique, mais aussi une vie végétative ; elles participent, comme tout autre élément cellulaire, à notre métabolisme organique. Nous pourrions, par conséquent, définir le sommeil, en empruntant la phrase bien connue d'Hippocrate : « *Somnus labor visceribus, motus in somno intro-vergunt.* » La veille, selon Hippocrate, toujours génial dans ses intuitions, est l'état d'effort du système animal (sensible et moteur) ; le sommeil le temps d'effort du système nutritif. Il est très étrange, à vrai dire, que la conception végétative du sommeil, soutenue aussi par Burdach, Cabanis, Longet, Sergueyeff, etc., ait été abandonnée par les physiologistes ; cela provient probablement de ce que les théories qui ont été avancées pour l'explication du sommeil, n'ont pu éclairer le mécanisme intime de cette fonction. Une théorie végétative, selon les psychologistes, ne saurait expliquer l'influence de l'élément psychique dans le sommeil. Pourquoi pouvons-nous dormir à volonté ou par des stimuli suggestifs ? Pourquoi l'intérêt et la volonté peuvent-ils retarder le sommeil ? L'on n'a pas encore donné une réponse satisfaisante à ces questions, et il est, par suite, très compréhensible que les psychologistes se soient affermis dans leur théorie. Je suis cependant convaincu que la théorie psychologique n'aurait plus de motifs de s'opposer à la conception végétative du sommeil, si cette dernière reconnaissait l'importance incontestable que l'élément psychi-

4

que a dans notre phénomène, et parvenait à en donner une explication satisfaisante.

Le plus grand obstacle que la théorie végétative du sommeil doit surmonter, c'est de trouver une fonction de la vie organique susceptible d'être mise en branle par des stimuli psychiques spéciaux. J'espère démontrer dans le chapitre suivant que la théorie sécrétoire du sommeil répond parfaitement à ces conditions.

CHAPITRE IV

LE SOMMÉIL CONSIDÉRÉ COMME FONCTION
DE SÉCRÉTION

Nous avons vu par quelles considérations le sommeil ne peut pas être envisagé comme une fonction psychique et doit être classé parmi les fonctions organiques ou végétatives. Le sommeil, très vraisemblablement, est une fonction végétative subissant beaucoup l'influence de l'élément psychique. Or, de toutes les fonctions de la vie végétative, celles qui se ressentent, plus que les autres, de cette influence, sont certes les sécrétions. Il n'y a pas de sécrétion qui ne soit réglée par des stimuli psychiques; un des traits les plus caractéristiques de ces fonctions est précisément la propriété qu'elles ont d'être souvent mises en branle dans leur activité fonctionnelle par des stimuli psychiques particuliers. La salivation, par exemple, qui peut être provoquée par des excitants purement mentaux, est regardée avec raison comme une sécrétion psychique. La vue d'un mets appétissant nous fait effectivement venir l'eau à la bouche; la sécrétion de la salive est le résultat de l'habitude et de l'éducation. Personne n'ignore l'influence qu'exerce l'habitude dans la miction et dans la défécation.

L'élément psychique a également une grande importance dans la sécrétion lacrymale; il y a des femmes qui ont une telle habitude de pleurer qu'elles versent des larmes à volonté. Le révérend Taylor nous dit que, dans la Nouvelle-Zélande, les femmes peuvent pleurer quand elles le désirent. La sécrétion spermatique est également provoquée par des stimuli psychiques. Le désir sexuel est instinctif ainsi que le désir de dormir et, comme ce dernier, il subit l'influence de la suggestion. La sécrétion mammaire peut être stimulée par des excitants purement psychiques. Lorsqu'au moment de donner le sein, la nourrice prend l'enfant dans ses bras, elle sent que ses mamelles deviennent turgides.

La sécrétion gastrique peut s'accomplir non seulement par voie réflexe, mais aussi par des stimuli psychiques; Paulow a démontré, par ses très intéressantes expériences, que le fait initial qui provoque la dite sécrétion n'est pas tellement la présence des aliments dans l'estomac que le désir ardent de manger, c'est-à-dire un facteur purement psychique. La sécrétion gastrique, conclut-il, est une *sécrétion psychique*. Quel exemple plus convaincant que celui-ci pourrions-nous citer pour démontrer qu'une fonction végétative, telle qu'une sécrétion, peut être provoquée par des stimuli psychiques? De même que la sécrétion lacrymale, spermatique, mammaire, gastrique, salivaire, le sommeil peut être provoqué par des excitants mentaux, par des stimuli essentiellement suggestifs, s'accomplissant ensuite comme un acte réflexe.

Nous avons aussi parlé de l'influence qu'exerce l'émotion sur la fonction hypnique; la moindre émotion interrompt souvent le sommeil; les stimuli sensitifs provoquent le sommeil avec d'autant plus d'efficacité que leur coefficient affectif, leur ton émotionnel est plus grand: l'émotion est aussi la cause la plus fréquente de l'insomnie et parfois des accès de narcolepsie. Or, l'influence de l'émotion sur le sommeil est parfaitement analogue à celle que l'on voit s'exercer sur toutes les fonctions de sécrétion. Il n'y a pas une sécrétion qui ne soit épargnée par une forte émotion. L'émotion s'exprime, en général, par des troubles sécrétoires, tels que le larmoiement, la sueur, la salivation, des troubles gastro-intestinaux (anorexie, diarrhée, constipation), l'ictère, la polyurie, la glycosurie, la galactorrhée, la suppression de la sécrétion spermatique, l'hypersécrétion thyroïdienne, etc. Il est notoire que certaines sécrétions intermittentes ne s'opèrent chez les animaux que sous l'influence d'émotions particulières, par exemple la sécrétion venimeuse des serpents et celle de divers mollusques gastéropodes. Les émotions peuvent parfois inhiber et parfois exagérer la même sécrétion glandulaire; ainsi, certains individus ont la bouche sèche après une grande frayeur; chez d'autres, il se produit une salivation abondante. Tous ne peuvent pas pleurer après une forte émotion. Certains sujets ont la diarrhée, d'autres la constipation.

Le fait même que le sommeil est précédé par des actes instinctifs et que le désir de dormir est instinctif, n'est pas en contradiction avec l'idée que le sommeil est une fonction de sécrétion; il en est, au contraire, une confirmation très valable. La disposition spéciale, en effet, qui caractérise les plus forts instincts, par exemple le sexuel, l'alimentaire, etc., c'est la turgescence de certains appareils glandulaires; ainsi le désir de manger est particulièrement provoqué par la sensation de l'appétit, qui dérive de l'état de turgescence des glandes gastriques; l'instinct sexuel survient au moment de la sécrétion des glandes sexuelles. Cet état interne, cette disposition interne est très souvent l'agent même de l'instinct et se traduit subjectivement en nous par le sentiment d'une disposition à faire telle ou telle chose, la tendance, le besoin, l'humeur, la « *stimmung* » (Claparède). Or, le fait que le désir de dormir chez les animaux est fortement instinctif et s'impose quelquefois même à la volonté et à notre intérêt, avec la même intensité que l'on remarque dans l'instinct sexuel et alimentaire, il nous suggère presque l'hypothèse que la disposition interne qui provoque le désir de dormir est déterminée par l'état de turgescence d'une glande ou appareil de sécrétion ayant périodiquement la nécessité d'éliminer le produit de son activité fonctionnelle. Sans doute que si le désir de dormir, ainsi que le désir sexuel et alimentaire, ne tirait pas son origine d'une fonction végétative, d'un besoin réellement organique, l'animal ne renoncerait pas si facilement à son travail, pour rester inactif pendant le tiers de son existence. Nous voyons donc que la conception instinctive du sommeil, pourvu qu'elle n'excède pas ses limites, ne constitue point une objection, mais peut-être une des meilleures confirmations de la théorie sécrétoire.

La périodicité même du sommeil, si l'on considère que les fonctions de sécrétion sont généralement périodiques, constitue aussi un élément en faveur de la thèse que nous soutenons. La plupart de ces fonctions, en effet, tout en élaborant leur sécrétion d'une façon continue, sécrètent à des époques ou à des moments déterminés. La périodicité du sommeil, ainsi que celle de toutes les sécrétions (digestion, miction, défécation), dépend ordinairement des stimuli psychiques, de l'habitude.

§ 1. — Analogie entre le sommeil et les fonctions sécrétoires.

A. — ANALOGIE ENTRE LE SOMMEIL ET LA DIGESTION

L'analogie entre le sommeil et les fonctions de sécrétion est un des arguments donnant le plus de valeur à la théorie sécrétoire. Examinons d'abord l'analogie très caractéristique entre le sommeil et la sécrétion gastrique.

Voici ce que Paulow dit sur cette dernière fonction :
« Le primum movens qui dans les conditions normales
« met en branle l'appareil neuro-glandulaire de l'estomac,
« est d'ordre psychique, c'est le désir passionné des ali-
« ments, ce qu'on dénomme dans la vie courante comme
« dans la pratique médicale « l'appétit ». *L'appétit, c'est du*
« *suc*. Le facteur psychique, l'excitant des nerfs glandu-
« laires de l'estomac représente un réflexe complexe ; sa
« complexité répond à ce que le but auquel il est adapté
« ne peut être atteint que par la mise en jeu synergi-
« que d'une série de processus fonctionnels organiques ;
« il exige l'intervention de fonctions plus élevées : le
« jugement, la volonté, le désir. L'excitation simultanée

« des divers organes des sens, de la vue, de l'ouïe, de
« l'odorat et du goût, constitue le premier et le plus puis-
« sant stimulant pour l'activité des glandes gastriques.
« Aussi bien nous considérons-nous en droit de dire que
« l'appétit est le premier et le plus puissant excitant des
« nerfs sécrétoires de l'estomac; que c'est lui qui, dans le
« repas fictif, fait apparaître dans l'estomac vide de nos
« chiens, de grandes quantités d'un suc des plus énergi-
« ques. Un excellent appétit, au moment du repas, est
« l'origine d'une sécrétion abondante et active; là où man-
« que l'appétit, manque aussi le suc gastrique, et rendre
« l'appétit à quelqu'un, c'est lui assurer une sécrétion
« abondante de ce suc, dès le commencement du repas.
« Le travail des glandes digestives est infiniment com-
« plexe et élastique, et présente un caractère d'adaptation,
« une certaine adaptation à un but déterminé. »

Nous pouvons aussi admettre, à propos du sommeil, que
le primum movens qui, dans les conditions ordinaires,
provoque le sommeil est d'ordre psychique, c'est le désir
de dormir. Le facteur psychique qui détermine l'endormissement représente un réflexe complexe, une combinai-
son de réflexes (Claparède). Le désir de dormir n'est pas
provoqué par un stimulus toujours de même nature, mais
il peut être mis en branle par des stimuli très divers; il
peut être provoqué par l'obscurité, par la vue ou la représentation du lieu où l'on est accoutumé de dormir, par une
certaine attitude, par l'occlusion des paupières, par l'idée
du sommeil, par la vue d'autres personnes dormantes, par
la notion de l'heure, etc. (Claparède).

La sensation du sommeil est définie par Lasègue *appétit
du sommeil*, à cause de son analogie intime avec l'appétit et
la faim. L'appétit du sommeil est le plus puissant excitant
de l'acte hypnique ; un excellent appétit du sommeil, au
moment de s'endormir, est l'origine d'un sommeil long
et profond; là où manque l'appétit du sommeil, manque
aussi le sommeil, et rendre l'appétit du sommeil à quelqu'un c'est lui assurer un sommeil prompt et normal.

L'appétit du sommeil et *l'appétit de manger* sont deux

sensations cénesthésiques rythmiques se présentant un certain temps après le sommeil ou le repas qui les ont précédées, avec un intervalle qui varie selon les habitudes individuelles. Dans les conditions normales, ces sensations se produisent, avec l'exactitude d'une montre (Beaunis), à l'heure où nous sommes accoutumés de dormir ou de manger et diminuent ou disparaissent pendant un certain temps, une fois passée l'heure habituelle du sommeil ou du repas; en effet, si au moment où nous sommes habitués à dormir ou à manger, une occupation qui nous intéresse beaucoup attire notre attention, nous n'éprouvons plus ni la sensation du sommeil, ni l'appétit. Par l'habitude nous pouvons changer, à notre volonté, les heures des repas et des sommeils. L'appétit du sommeil, ainsi que l'appétit de manger, est une sensation agréable si nous y consentons, une sensation pénible si nous y résistons; ils dénotent *le besoin de dormir ou de manger*, deux besoins organiques parfaitement analogues ayant leur substratum dans des fonctions végétatives spéciales, deux besoins qui, s'ils sont très intenses, échappent au contrôle de la volonté et de l'instinct même de conservation. L'individu tourmenté par la faim, par exemple, se réduit à se nourrir de cadavres, de même que le besoin impérieux de sommeil nous oblige à dormir dans les conditions les plus dangereuses. Le besoin de sommeil et la faim ne peuvent pas être qualifiés d'instinctifs, tandis que tels sont incontestablement le désir de dormir et le désir de manger. Ces derniers sont effectivement des facteurs psychiques, lesquels, quoique provoqués d'habitude par la sensation du sommeil et par l'appétit, peuvent également subsister indépendamment de ces sensations spécifiques. Nous pouvons dormir de même que nous pouvons manger et digérer, sans éprouver le besoin de dormir ou de manger ; ces besoins expriment toutefois l'activité des fonctions correspondantes; ainsi, la sécrétion gastrique qui n'est pas précédée du besoin de manger est une véritable sécrétion de luxe douée d'un pouvoir digestif très faible (Paulow); de même, le sommeil que l'on obtient après le sommeil complet est ordinairement léger et peu réparateur. L'analogie entre l'endormissement et l'action de manger est également caractéristique. Ce sont deux actes globaux qui impliquent le consentement de l'animal et qui présentent l'élasticité, la souplesse des actes instinctifs. Ils sont régis, en effet, par la loi de l'intérêt momentané. Ainsi les animaux prennent la fuite et retardent l'heure du sommeil ou du repas, si un danger survient lorsqu'ils étaient disposés à s'endormir ou à manger.

Claparède, ainsi que beaucoup d'autres biologistes, constatent dans le sommeil un caractère d'adaptation, le même que Paulow a relevé dans le travail des glandes digestives, dans la sécrétion pancréatique, et que Schiff et Paulow ont remarqué dans la sécrétion salivaire.

Examinons aussi la *courbe de la sécrétion gastrique* décrite par Paulow et comparons-la avec la *courbe du sommeil* décrite par Michelson.

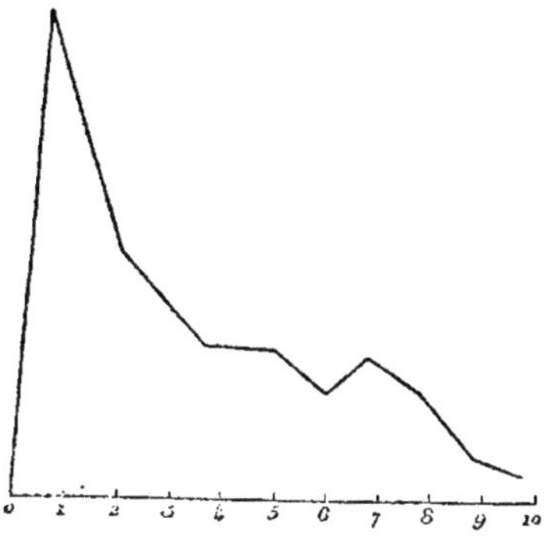

Courbe de la sécrétion gastrique
après une ingestion de pain
(Paulow, page 54).

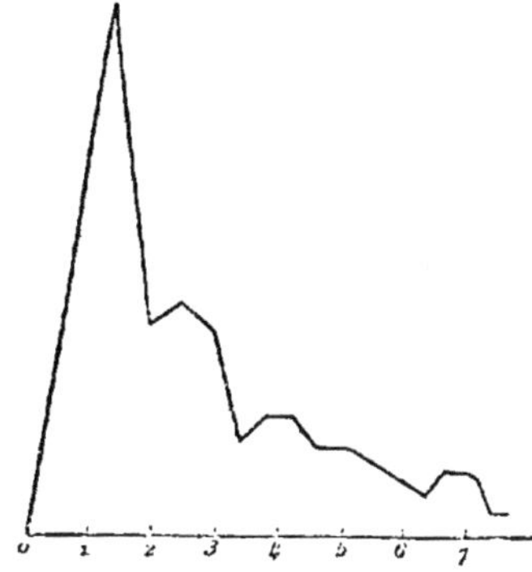

Courbe du sommeil
(Michelson).

Les deux courbes sont parfaitement analogues.

Nous remarquons, dans ces deux courbes, une ligne ascendante atteignant rapidement son maximum à la fin de la première ou de la deuxième heure, et descendant en-

suite graduellement jusqu'au terme des fonctions correspondantes. Soit dans la courbe gastrique, soit dans la
courbe hypnique, l'on observe, vers la sixième ou la septième
heure, un rehaussement brusque de la ligne descendante,
qui fait songer au coup de collier (*Schluss-antrieb*) des courbes de travail, et sur lequel Kraepelin a attiré l'attention.
D'après ces courbes nous voyons que, comme la première
portion de suc gastrique est caractérisée par un pouvoir
digestif intense (Paulow), ainsi le sommeil est beaucoup
plus profond pendant la première et la deuxième heure de
ce qu'il n'est pas pendant les heures suivantes.

L'analogie, d'ailleurs, si évidente entre la sécrétion gastrique et le sommeil est confirmée par l'étude de leurs modifications fonctionnelles. Les deux fonctions se modifient
également dans certaines conditions physiologiques et
pathologiques; ainsi les enfants et les adultes mangent
plus que les vieillards; chez les vieillards, le sommeil et le
besoin de manger sont limités. Le besoin de sommeil augmente, ainsi que l'appétit, suivant l'accélération du métabolisme organique ; l'exercice musculaire modéré, le climat
tempéré de la montagne, l'air de la mer augmentent généralement l'appétit ainsi que le sommeil; la fatigue excessive et le froid trop intense diminuent, par contre, les deux
fonctions. Le sommeil et le besoin de se nourrir augmentent ordinairement pendant la croissance, la grossesse ou
la convalescence d'une longue maladie, en rapport avec
l'hyperactivité du métabolisme organique. Les pléthoriques
jouissent en général d'un excellent appétit et d'un bon
sommeil. La sécrétion gastrique et le sommeil diminuent
dans la même mesure, dans la neurasthénie, dans l'hystérie et dans d'autres affections psychiques. Quelquefois les
patients ayant perdu les sensations cénesthésiques perdent
l'appétit, n'ont plus la sensation de leur estomac et, de
même, ils n'éprouvent plus l'envie de dormir et ne savent
dire s'ils ont dormi ou non.

Les abouliques, par défaut de leur volonté, ne peuvent
parfois arriver à s'endormir (Janet), et de même ils perdent le désir, la volonté de manger. Les émotions violen

tes troublent généralement le sommeil et la sécrétion gastrique.

La sécrétion gastrique et le sommeil se modifient également par suite de l'emploi de certains médicaments. L'alcool, en doses faibles, augmente la sécrétion gastrique, l'appétit et le besoin de dormir. Parmi les symptômes les plus fréquents de l'alcoolisme on remarque l'anorexie et l'insomnie. Le musc, véritable produit de sécrétion, provoque souvent une sensation insolite de faim et augmente le sommeil. L'apomorphine, qui détermine une hypersécrétion gastrique, agit comme hypnotique mieux que la morphine. L'atropine diminue la sécrétion gastrique et provoque aussi l'insomnie.

Comparons enfin les dommages causés à notre organisme par l'insomnie avec ceux qui dérivent de l'inanition· La dénutrition qu'on remarque dans tout l'organisme dans l'inanition, se localise également dans le cerveau pendant l'insomnie. Le sommeil représente un véritable phénomène de nutrition pour les cellules nerveuses, *c'est le moment du repas du cerveau*, selon une heureuse expression de Debove. L'insomnie absolue détermine la mort avec la même rapidité que l'inanition.

Il y a donc une grande analogie entre la fonction digestive et le sommeil, ce qui résulte à l'évidence dans toutes les phases de leur processus. Ce sont en réalité deux activités positives d'ordre réflexe appartenant à la vie végétative qui, quoique précédées d'un stimulus spécifique (l'appétit de manger, l'appétit du sommeil), sont souvent provoquées par des facteurs psychiques instinctifs. Le stimulus psychique constitue, pour ces deux activités, le primum movens de leurs processus fonctionnels, qui se produisent ensuite par un mécanisme purement réflexe. Le sommeil proprement dit est, en effet, parfaitement analogue à la digestion, de même qu'il y a analogie parfaite entre l'appétit et la sensation du sommeil, entre le besoin de manger et le besoin de dormir, entre l'endormissement et l'action de manger.

B. — ANALOGIE ENTRE LE SOMMEIL ET LA MICTION

Claparède, dans son important mémoire sur le sommeil, écrit : « L'acte du sommeil est tout à fait comparable à « celui de la miction ; il n'est pas la conséquence immé- « diate d'un phénomène physique brut (altération des « neurones cérébraux), mais un phénomène actif provoqué « lorsque les déchets commencent à s'accumuler dans l'or- « ganisme. Le sommeil est à l'épuisement ce que la mic- « tion est à la distension de la vessie ; le sommeil précède « l'épuisement comme la miction précède la distension de « la vessie. L'émission de l'urine n'est pas due à ce que « la pression physique du liquide a forcé la résistance du « *sphincter vésicæ :* non, le besoin d'uriner se fait sentir « bien avant que la pression soit assez considérable pour « produire cet effet.

« On peut même pousser plus loin encore ce parallèle « entre le sommeil et la miction, et remarquer que, de « même que la distension exagérée de la vessie (qui sur- « vient lorsqu'on a négligé trop longtemps de satisfaire au « besoin d'uriner) produit de l'anurie par rétention, de « même l'épuisement produit de l'insomnie. »

Voici quelques autres arguments propres à confirmer l'analogie entre le sommeil et la miction :

La miction est un acte positif, d'ordre réflexe, qui débute par la volonté et qui se produit ensuite d'une façon réflexe.	Le sommeil est un acte positif, une fonction qui débute d'habitude par des stimuli psychiques spéciaux et qui se produit ensuite par un mécanisme purement réflexe.
La miction peut être : 1° volontaire, 2° involontaire. 3° provoquée par le besoin d'uriner.	Le sommeil peut être : 1° volontaire, 2° involontaire, 3° provoqué par le besoin de dormir.
La miction implique généralement le consentement de l'animal, même si elle est	Le sommeil implique généralement le consentement du sujet qui s'endort, même s'il

provoquée par le besoin d'uriner.

La volonté peut favoriser ou retarder la miction.

Nous pouvons uriner quand nous le désirons. Même peu de minutes après la miction complète, nous pouvons émettre quelques gouttes d'urine. Toutefois la miction qui n'est pas déterminée par le besoin d'uriner, est précédée d'un temps beaucoup plus long que lorsqu'elle est provoquée par une quantité considérable d'urine.

La miction est d'autant plus abondante que le besoin d'uriner qui l'a précédée est plus grand. Dans certains cas cependant le besoin fréquent et impérieux de la miction est suivi seulement de l'émission de quelques gouttes d'urine (pollakiurie).

Le besoin d'uriner est déterminé par une sensation spécifique, qui devient très douloureuse en raison directe de la résistance qu'on oppose à la satisfaction de ce besoin.

Le besoin de la miction est un véritable besoin organique qui peut être, jusqu'à un certain point, modéré par la volonté ; cependant, si l'intervalle entre les mictions est très long, le besoin de la miction devient si impérieux qu'il nous oblige à uriner contre notre désir, contre notre intérêt.

est provoqué par le besoin de dormir.

La volonté peut favoriser ou retarder le sommeil (Claparède).

Nous pouvons nous endormir quand nous le désirons. Même lorsque nous sommes rassasiés de sommeil, nous pouvons parfois nous endormir de nouveau ; toutefois ce sommeil est léger, peu réparateur, et il est généralement précédé d'un état de demi-sommeil qui est d'autant plus prolongé que le besoin de sommeil était moins sensible.

L'intensité du sommeil est généralement en raison directe du besoin de sommeil éprouvé par l'individu qui s'endort. Les cas de narcolepsie sont caractérisés par un besoin fréquent et impérieux de dormir, bien que les patients se réveillent peu de minutes ou peu de secondes après (Gelineau).

Le besoin du sommeil est déterminé par une sensation spécifique (appétit du sommeil), qui devient très pénible si elle se prolonge outre mesure.

Le besoin de sommeil est un véritable besoin organique qui peut être jusqu'à un certain point retardé par notre volonté ; on observe cependant que le besoin de sommeil provoqué par une veille excessivement prolongée est généralement si impérieux qu'il nous oblige à dormir contre notre intérêt, notre volonté et contre l'instinct de conservation.

Le désir d'uriner est un facteur psychique complexe, déterminé non seulement par un stimulus spécifique (besoin d'uriner), mais aussi par des stimuli psychiques très divers, par exemple, l'imitation, la vue d'un lieu approprié, l'idée de la miction, une certaine attitude, etc.

La miction dépend beaucoup de l'habitude. Quelques animaux, les chiens par exemple, urinent à tout moment. L'habitude de la miction provoque très souvent le stimulus d'uriner. Le désir de la miction survient généralement aux heures où nous sommes accoutumés de satisfaire ce besoin.

L'acte de la miction, pour s'accomplir, immobilise momentanément l'individu dans son ensemble : c'est un acte global qui, jusqu'à un certain point, est sous le contrôle de la volonté (Claparède).

La courbe de la miction atteint son maximum par une ligne rapidement ascendante, et présente, vers la fin de sa ligne descendante, un léger rehaussement, qui exprime, dirait-on, l'effort que nous faisons pour expulser toute l'urine contenue dans la vessie.

L'interruption de la miction peut s'obtenir dans toutes ses phases, surtout au commencement et vers la fin. La difficulté de l'interrompre

Le désir de dormir est un facteur psychique complexe, déterminé non seulement par un stimulus spécifique (appétit du sommeil), mais aussi par plusieurs stimuli psychiques, par exemple, l'imitation, la suggestion, la vue du lieu où l'on est accoutumé de dormir, l'idée du sommeil, une certaine attitude, la notion de l'heure, etc. (Claparède).

Le désir de dormir est régi par l'habitude : quelques animaux, les chiens par exemple, dorment à tout moment, dès qu'on les laisse tranquilles. L'habitude de dormir souvent engendre la somnolence. Le désir de dormir survient généralement aux heures où nous avons l'habitude de nous endormir.

L'endormissement est un acte global qui monopolise l'activité de l'organisme dans son ensemble, et il est sous le contrôle de la volonté.

On remarque les mêmes caractères dans la courbe du sommeil, y compris la brusque augmentation de la profondeur du sommeil, vers le matin. Il semble, écrit Claparède, que lorsque nous sentons que le sommeil va s'achever, nous donnions inconsciemment un coup de collier pour le prolonger.

Le réveil peut s'obtenir dans toutes les phases du sommeil, surtout au commencement et à la fin, c'est-à-dire dans l'état de demi-sommeil augmente en raison directe du besoin d'uriner.

La miction involontaire (incontinence de la miction) dérive généralement de la dépression des centres nerveux présidant à cet acte. Elle se produit chez les petits enfants, chez les vieillards, et dans les maladies qui déterminent la perte de l'influence inhibitrice des centres psychiques supérieurs sur les actes réflexes, par exemple, dans la compression corticale, dans l'hydrocéphalie, dans les tumeurs cérébrales.

qui précède ou suit le sommeil. La difficulté du réveil augmente dans le sommeil profond, à la première et à la deuxième heure, s'accentuant d'autant plus que le besoin de dormir est plus grand.

Le sommeil se déclanche involontairement (incontinence du sommeil) dans les mêmes conditions physiologiques et pathologiques. Les petits bébés et les vieillards s'endorment à tout moment, indépendamment de leur volonté, ainsi que les sujets présentant une énergie déprimée de leur activité psychique, la perte de l'attention et de l'intérêt pour la situation présente.

Certains médicaments provoquent soit la miction, soit le sommeil ; tels sont : la morphine, l'arsenic, l'alcool, la théobromine, l'aspirine, l'hédonal, l'isopral, etc. La substance hypophysaire qui, même en petites doses, provoque la somnolence, posséderait aussi une action spéciale sur la sécrétion urinaire (Pronier, Renon, Delille).

D'autres médicaments, l'atropine par exemple, diminuent les deux fonctions.

C. — L'ANALOGIE ENTRE LE SOMMEIL ET AUTRES FONCTIONS SÉCRÉTOIRES

L'analogie que nous avons remarquée entre le besoin de manger, celui de la miction et le besoin du sommeil, s'observe également entre cette dernière sensation et autres besoins organiques, par exemple, le besoin sexuel et celui de la défécation, besoins qui ont leur origine dans une fonction de sécrétion ayant la nécessité d'éliminer périodiquement le produit de son activité fonctionnelle. Ces besoins, ainsi que celui du sommeil, subissent l'influence des stimuli psychiques, de l'habitude, et peuvent être, jusqu'à un certain point, retardés par la volonté ; quand ils sont, au contraire, très impérieux, ils s'imposent à notre intérêt et à notre volonté. Ces besoins organiques présentent aussi un fait que l'on remarque également dans le sommeil, à l'appui de son analogie avec les fonctions sécrétoires, à savoir que l'obstacle qui s'oppose à la satisfaction de ces besoins est bien plus nuisible à l'organisme que le défaut de la fonction même de sécrétion dont ils tirent l'origine. Par exemple, l'interruption de l'allaitement, lorsque les mamelles sont turgides, est toujours pénible pour la nourrice, quoique la sécrétion lactée puisse physiologiquement manquer. La sécrétion sexuelle manque aussi normalement, à l'âge de l'enfance et de la sénilité ; cependant, quand le besoin sexuel est très impérieux et qu'on ne le satisfait pas, il provoque un malaise général et souvent un état d'agitation psychique violente. De même, la constipation provenant d'une sécrétion fécale insuffisante n'est pas aussi dangereuse que l'accumulation des fèces dans l'intestin, causée par un obstacle s'opposant à leur élimination.

L'on peut faire les mêmes considérations à propos du sommeil. L'on voit parfois des individus qui, à cause de violentes émotions ou bien parce qu'ils ont beaucoup d'intérêt à rester éveillés, peuvent ne pas dormir pendant des jours, des semaines et parfois même des mois, tandis que les plus graves symptômes se manifestent toujours si l'on veut empêcher à un animal de satisfaire son besoin impérieux de sommeil ; l'insomnie expérimentale provoque, chez ces pauvres animaux, des souffrances atroces et généralement la mort dans l'espace de peu de jours. Les faits que nous venons de signaler donneraient sans doute l'idée que le sommeil est une fonction de sécrétion analogue à celles que nous avons décrites, fonctions qui, tout en ayant besoin de sécréter lorsqu'elles sont stimulées dans leur activité fonctionnelle, peuvent toutefois diminuer ou manquer pendant longtemps sans causer de grands inconvénients à l'organisme.

Un autre argument également en faveur de l'analogie entre le sommeil et les autres fonctions de sécrétion consiste dans la propriété qu'elles ont d'être stimulées d'une façon élective par des substances chimiques spéciales. De même qu'on a les diurétiques, les sudorifiques, les eupeptiques, les purgatifs, de même il y a, nous le savons, toute une classe de médicaments, *les hypnotiques*, possédant une action spécifique sur le sommeil. Ces derniers augmentent la fonction hypnique, de même que les diurétiques excitent la sécrétion rénale, les purgatifs la sécrétion intestinale, et ainsi de suite. L'emploi habituel des hypnotiques fait perdre la faculté de s'endormir volontairement sans l'aide des hypnotiques, comme l'emploi habituel des purgatifs fait perdre la faculté d'aller à la selle sans l'aide des purgatifs. L'insomnie est, dans le premier cas, l'expression de l'épuisement de la fonction hypnique, de même que la constipation révèle l'épuisement de l'intestin après son hypersécrétion.

L'idée que le sommeil est un phénomène de sécrétion n'est pas seulement confirmée par le critérium d'analogie, dont l'importance est, sans doute, très grande dans toute hypothèse, mais elle est confirmée aussi par l'observation clinique.

§ 2. — **L'augmentation ou la diminution du sommeil, dans les conditions physiologiques ou pathologiques les plus variées, sont accompagnées de modifications analogues d'autres fonctions sécrétoires.**

Toutes les sécrétions (gastrique, intestinale, sexuelle, sudorale, etc.) sont augmentées chez les jeunes gens et diminuées dans la sénilité ; de même, le sommeil est plus long, plus profond chez les jeunes gens et plus léger chez les vieillards. La grossesse normale provoque presque une hypersécrétion générale (secondaire, peut-être, à l'interruption de la fonction sexuelle), savoir : l'augmentation de la sécrétion gastrique, l'hyperchlorhydrie, l'augmentation de la graisse [1], la salivation, des mictions plus abondantes, parfois une légère hypertrophie de la thyroïde avec indices évidents de son hypersécrétion (tachycardie, tremblement, etc.), l'hypersécrétion surrénale [2], des sueurs ; de même, un des symptômes les plus caractéristiques, et souvent initial de la grossesse, c'est l'augmentation du sommeil, une somnolence insolite pendant la journée.

Les pléthoriques présentent généralement une accélération du métabolisme organique et une hyperactivité de toutes les sécrétions ; ils sont généralement obèses, jouissent d'une excellente sécrétion gastrique et par suite ils sont d'habitude des gros mangeurs ; leurs défécations sont faciles [3] ; ils transpirent abondamment, présentent souvent une augmentation de l'appétit sexuel et jouissent aussi d'un sommeil excellent ; le sommeil des pléthoriques est ordinairement long et profond.

Observez, d'autre part, les individus dont la nutrition est ralentie, savoir : les vieillards, les neurasthéniques et ceux qui travaillent beaucoup intellectuellement ; ils présentent une hyposécrétion générale ; leur sommeil est généralement court, ils se plaignent parfois d'insomnie, de la même manière qu'ils présentent une diminution de la sécrétion gastrique, intestinale (constipation), sudorale, sexuelle (impuissance sexuelle), surrénale (asthénie).

---

1. Voir ensuite les relations entre l'obésité et le sommeil.

2. *Minervini, J. de l'Anatomie et de la Physiologie de Duval*, 1904.

L'auteur a constamment remarqué chez les femmes enceintes une hyperactivité sécrétoire des glandes surrénales.

3. Il est bien établi par les expériences de Voit, Müller, Rieder, Hermann, Berenstein et d'autres auteurs, que la masse principale des fèces est constituée par les produits de sécrétion de la muqueuse intestinale (int. grêle). En effet, les fèces se forment aussi chez les animaux à jeun : le méconium est un véritable produit de sécrétion fécale. Nul doute, par conséquent, que l'intestin ne doive être regardé, ainsi que le rein, comme un organe émonctoire, un organe de sécrétion.

La fatigue musculaire excessive provoque l'insomnie, ainsi que l'anorexie, la constipation, par le défaut de la sécrétion gastrique, intestinale.

Dans l'hystérie où l'insomnie est accompagnée très souvent de l'anorexie et d'une constipation opiniâtre et rebelle, l'on remarque également la perte de l'appétit du sommeil et celle des sensations cénesthésiques analogues (faim, soif, besoin de la miction, de la défécation). Nous avons vu aussi que, dans les émotions, les troubles du sommeil sont parfaitement analogues à ceux que l'on remarque pour d'autres sécrétions. L'émotion s'exprime essentiellement par des phénomènes sécrétoires, et rarement elle épargne le sommeil.

Observons aussi *l'influence des intoxications sur les sécrétions*, et nous verrons que les modifications du sommeil sont analogues à celles que l'on constate dans d'autres fonctions sécrétoires.

La pilocarpine exagère d'une façon très accentuée la sueur, la sécrétion bronchique, intestinale, salivaire, la sécrétion thyroïdienne (Garnier, Roger, Schæfer), la sécrétion hypophysaire (Guerrini). La somnolence est aussi parmi les symptômes de cette intoxication. Pitois a observé un sommeil lourd pendant un ou deux jours, après la prescription de quatre à cinq centigrammes de pilocarpine. Ayant pris moi-même une petite dose de ce médicament, j'ai éprouvé les mêmes effets.

La morphine, en doses élevées, provoque d'abord l'augmentation du sommeil et une hypersécrétion générale (salivation, sueurs abondantes, polyurie, etc.).

L'empoisonnement chronique par l'opium, par la morphine, en même temps qu'il détermine la diminution de la sécrétion salivaire, biliaire, rénale, sexuelle et gastrique, produit l'insomnie, souvent rebelle chez les fumeurs d'opium, chez les morphinistes.

L'apomorphine est un excellent hypnotique, tout en exerçant une action élective sur la sécrétion gastrique et salivaire.

L'alcool, qui excite les nerfs sécrétoires, pris en petites doses, augmente le sommeil ainsi que la sécrétion gastrique, la sueur, la salivation, la sécrétion adipeuse, etc. Martinet soutient que les propriétés hypnotiques de plusieurs substances (éther, sulfonal, hédonal, véronal) sont dues à la présence, dans certaines molécules, de radicaux alcooliques, et que dans des substances similaires le pouvoir hypnotique croît en général avec le nombre de ces radicaux dans la molécule.

L'alcoolisme chronique détermine l'insomnie ainsi que l'anorexie, l'amaigrissement, etc.

Le chloral augmente le sommeil et possède une action excito-sécrétoire sur les cellules hépatiques (Pieron), sur la sécrétion pancréatique; il agit aussi très souvent comme laxatif.

Le musc est un excellent remède dans le délire, dans l'insomnie, apportant le calme parfait dans les centres psychiques (Récamier, Joerg, Jacquet, Thiebaud, Sarcone). Joerg a remarqué toujours, par le musc, un sommeil long et profond. Blondeau et Guibourt signalent, parmi les effets de ce médicament, un véritable besoin de manger et aussi une excitation violente de l'appétit sexuel. L'on croit que la sécrétion du musc sert à l'animal pour stimuler la volupté chez la femelle.

L'aspirine provoque une hypersécrétion cutanée, rénale, et augmente aussi le sommeil. Un confrère très distingué m'a assuré que toutes les fois qu'il prend un cachet d'aspirine avant de se coucher, son sommeil est bien plus profond, et le lendemain il ne peut jamais se lever à l'heure habituelle. Ma femme, après avoir pris une petite dose de ce remède, éprouve généralement le besoin de sommeil.

L'iode possède une action élective sur l'appareil lymphatique, sur les sécrétions. En petites doses, il provoque une augmentation de la sécrétion rénale, gastrique, lacrymale; en doses plus élevées et prolongées, il diminue la sécrétion salivaire, la sécrétion lactée, cutanée, il provoque l'atrophie des mamelles, des testicules et de la glande thyroïde (Moysisowitz, Trousseau, Pidoux). L'insomnie est aussi un des effets les plus communs de l'intoxication iodique;

j'ai pu le constater distinctement dans plusieurs cas. La substance thyroïdienne, très riche en iode, provoque l'insomnie quand elle est administrée en doses trop fortes.

Le stramonium, en petites doses, produit une augmentation du sommeil, et il hyperactive aussi la sécrétion rénale, cutanée, intestinale ; en doses plus abondantes, il détermine, au contraire, l'insomnie, le délire, il rend la peau aride, il produit la sécheresse du pharynx, l'insuffisance des urines, l'anurie.

L'atropine diminue toutes les sécrétions et provoque ordinairement l'insomnie (Trousseau et Pidoux, Gubler, Burdach). L'atropine est un excellent remède contre la somnolence toxique. Fernesangrives écrit que la belladone rend le sommeil moins profond. Burdach observait, de même, que l'atropine, malgré son pouvoir toxique, ne provoque jamais l'état de somnolence que l'on remarque généralement dans toutes les intoxications.

§ 3. — Les troubles du sommeil sont très fréquents et constituent un des symptômes les plus caractéristiques dans les maladies des organes à sécrétion interne.

A. — LES TROUBLES DU SOMMEIL DANS LES AFFECTIONS THYROÏDIENNES

L'augmentation du sommeil est un des symptômes les plus fréquents dans le myxœdème, et la somnolence disparaît rapidement par la cure thyroïdienne. L'augmentation du sommeil survient souvent après la thyroïdectomie. La maladie de Flajani Basedow, qui se joint d'ordinaire à une hypersécrétion thyroïdienne, provoque généralement l'insomnie.

B. — LES TROUBLES DU SOMMEIL DANS LES MODIFICATIONS FONCTIONNELLES DES GLANDES GÉNITALES (testicules, ovaires).

Les troubles hypniques sont très fréquents dans les modifications fonctionnelles des organes génitaux (testicules, ovaires), organes que tous les physiologistes comprennent désormais parmi les appareils à sécrétion interne. La suspension de la vie génitale provoque en général une augmentation du sommeil ; la somnolence est très fréquente dans la grossesse, dans la ménopause, dans la castration ovarienne et testiculaire. On a cité des sommeils profonds après le coït. Un cas de neurasthénie sexuelle, décrit récemment par Féré, fut frappé d'un sommeil profond et insolite après le coït et demeura ensuite très somnolent. Legrand attribue aussi à l'excès sexuel quelques cas de narcolepsie. Dans le cas de Norton, les accès de sommeil s'accentuaient avec les pertes séminales. Dans le cas de Cappie, rapporté par Gelineau, la somnolence augmenta avec l'abus du coït et la masturbation. Les crises de narcolepsie dans le cas de Ballet étaient plus fréquentes pendant la période menstruelle. L'insomnie, la perturbation du sommeil sont très fréquentes dans l'onanisme et dans l'abus sexuel. Gowers écrit que beaucoup de cas d'insomnie dans la chlorose, dans l'hystérie, dans la puberté, dans la ménopause, sont liés à l'irrégularité menstruelle et s'améliorent d'habitude par la régularisation des règles. Dans le goitre exophtalmique, l'augmentation de tous les symptômes, surtout de l'insomnie, coïncide souvent avec la période prémenstruelle.

C. — LES TROUBLES DE LA FONCTION ADIPOGÉNIQUE S'ASSOCIENT TRÈS FRÉQUEMMENT A DES MODIFICATIONS ANALOGUES DE LA FONCTION HYPNIQUE.

On s'étonnera, sans doute, que je comprenne l'adipogénie parmi les fonctions de sécrétion et que, plusieurs fois dans

mon ouvrage, j'aie référé l'obésité à un fait d'hypersécrétion, l'amaigrissement à un défaut de sécrétion des cellules adipeuses.

Je dois cependant rappeler, pour ma défense, que, d'après
les plus modernes études physiologiques, l'adipogénie n'est
plus considérée comme une simple accumulation de la
graisse, c'est-à-dire comme un fait passif, mais elle est
classée parmi les activités positives, parmi les fonctions
sécrétoires. L'adipogénie est, sans doute, un processus de
sécrétion interne parfaitement analogue à la glycogénie.
Cette conclusion s'impose par le fait que la cellule adipeuse
forme la graisse non seulement aux dépens des substances
grasses, mais aussi des hydrates de carbone, de la même
manière que la cellule hépatique fabrique le glycogène par
les hydrates de carbone, par les substances grasses, par
les albuminoïdes. L'obésité [1] serait due à toutes les causes
propres à déterminer l'hyperactivité sécrétoire des cellules
adipeuses, d'où la plus grande élaboration de la graisse, de

1. La pathogénie de l'obésité serait tout à fait inexplicable si l'on
ne regardait pas l'adipogénie comme une fonction active et si, par
conséquent, l'on ne tenait pas un compte exact de l'énergie sécrétoire des cellules adipeuses. En n'acceptant pas cette conception, nous
ne parviendrions certes pas à comprendre pourquoi l'obésité se joint
très fréquemment, par exemple chez les pléthoriques et dans la grossesse, aux symptômes caractérisant l'accélération du métabolisme
organique, et par quelle raison la maigreur constitue souvent l'expression du bradytrophisme; l'on ne comprendrait pas non plus pourquoi
certains individus ne peuvent pas engraisser malgré l'hyperalimentation, la vie sédentaire, les intoxications lentes, etc., c'est-à-dire
malgré les conditions les plus favorables au développement de
l'obésité.

L'*obésité glandulaire* consécutive au trouble fonctionnel des glandes à sécrétion interne, savoir l'obésité par insuffisance de la fonction
thyroïdienne (Lorand, Thibierge, Guinon, Marfan), ou des glandes
génitales (Kish, Carnot), l'obésité d'origine hypophysaire (Frowlich,
Fuchs, Burr, Dercum, Cestan, Halberstadt, Leclerc, Nothnagel, Franceschi, Berger, Madelung, Zack, Pitres), répondrait parfaitement à la
conception que l'adipogénie doit être considérée comme une fonction à sécrétion interne, reliée aux glandes susdites par les plus
intimes rapports physio-pathologiques. Silvestrini a démontré aussi
expérimentalement l'entité de ces rapports.

même que l'amaigrissement est secondaire à la diminution de leur fonctionnement. Les rapports entre le sommeil et l'adipogénie sont très étroits et se confirment, soit dans les conditions physiologiques, soit dans les conditions morbides. Les obèses sont généralement somnolents; les animaux hibernants sont très gras avant la léthargie et ne s'endorment que rarement si leur graisse est insuffisante. Les individus au métabolisme accéléré ont le tissu adipeux abondant et jouissent, de même, d'un excellent sommeil. Par contre, les sujets au métabolisme ralenti, les vieillards par exemple, sont souvent maigres et dorment peu. Les causes qui engendrent généralement l'obésité sont les mêmes qui augmentent le sommeil. Les intoxications lentes d'origine gastrique, intestinale, hépatique, celles d'origine infectieuse (scrofule, syphilis), les auto-intoxications dérivant de l'insuffisance de certaines glandes à sécrétion interne (thyroïde, ovaires, testicules) provoquent souvent l'obésité, ainsi que l'augmentation du sommeil. L'hypersomnie et l'obésité coïncident également avec une fréquence singulière dans les altérations de l'hypophyse. L'amaigrissement et l'insomnie s'associent souvent dans les lésions destructives de l'hypophyse, dans l'hypersécrétion thyroïdienne (goitre exophtalmique) ainsi que dans maintes intoxications (alcoolisme, morphinisme chronique), dans les infections graves. Il existe donc, sans doute, une synergie fonctionnelle entre le sommeil et l'adipogénie, synergie qui n'est certes pas fortuite et qui dérive, très vraisemblablement, de la nature identique des deux fonctions.

Les troubles du sommeil sont aussi très fréquents dans le *diabète*, affection que l'on considère, à juste titre, comme une maladie des glandes à sécrétion interne, étant donné ses rapports intimes avec les troubles fonctionnels du pancréas, du foie, de la thyroïde[1], de l'hypophyse[2]. Les

1. La glycosurie, d'après Lorand, est un des symptômes les plus fréquents dans l'hypersécrétion thyroïdienne, dans le goitre exophtalmique, et s'améliore souvent par le sérum et le lait de chèvre thyroïdectomisée.

2. Les tumeurs de l'hypophyse avec ou sans acromégalie, s'asso-

diabétiques sont parfois somnolents, surtout si leur affection se joint à l'obésité ; ils souffrent très souvent d'insomnie. L'insomnie constitue même un des symptômes les plus rebelles et les plus constants du diabète grave, et diminue souvent avec la diminution de la glycosurie.

D. — Rapports entre les altérations fonctionnelles de l'hypophyse et les troubles du sommeil

Les relations entre cette petite glande à sécrétion interne qui a son siège au niveau des centres nerveux et le sommeil, ont une importance toute spéciale pour notre problème.

Ces relations sont malheureusement presque tout à fait ignorées par la physiologie et par la clinique; nous leur consacrerons une attention particulière, soit parce qu'elles constituent un argument précieux à l'appui de la théorie sécrétoire du sommeil, soit parce qu'elles peuvent éclaircir aussi considérablement le mécanisme de cette fonction.

1° *Les troubles hypniques dans les tumeurs hypophysaires.*

La somnolence a été citée très fréquemment dans les tumeurs hypophysaires avec acromégalie : voir les cas de Brooks, Comini, Roxburg Collis, Brigidi, Arnold, Neal, Shuth et Shattock, Fratnich, Pakard, Stevens, Haskovec, Schaffer, Gibson, S. Cohen, Antonini, Erb, Denti, Monteverdi, Toracchi, Lamari, Pansini, Snell, Bassi, Parsons, Mastri, Foss, Caton, Fraikin, Adler, Hagelstaur, Church-Hessert, Witmer, Day, Saucerotte, Noel, Wersiloff, Koshewnikoff, deux cases de Dercum, Joelson, Allaria,

cient très fréquemment à la glycosurie ; voir les cas décrits par Cepeda, Packard, Josserand, Finzi, Rolleston, Erb, Bury, Caselli, Marinesco, Freund, Chwostec, Murray, Ravaut, Thomson, Dallemagne, Eulemburg, Levy, Hansermann, Dalton, Launois, Ramson (deuxième cas), Schlesinger, Henrot, Lancereaux, Favorsky, Frankel, Stadelmann, Uthoff.

Burkard, Benson, Narcott et Esterre, Leskinski, Dulles Wadsworth, Venuti, Banks, Broadbent-Dogson, Claus, Graham.

La somnolence a été observée aussi dans les cas de tumeur hypophysaire sans acromégalie, cités par Soca, Handford, Saundby, Bychowki, De Buck, Cestan et Halberstadt, Petrina, Pardo, Rayer, Walton Cheney, Leclerc, Audry, Burr Riesmann, Righetti, Waddel. Dans les cas décrits par Franceschi et Berger, les tumeurs cérébrales exerçaient une simple compression sur l'hypophyse, et les malades présentaient également un état continu de sommeil. Je tiens à faire remarquer en outre que dans beaucoup des cas que nous avons cités, la somnolence était caractérisée non point par la torpeur psychique que l'on observe plus ou moins dans toutes les tumeurs du cerveau, mais par une augmentation réelle du sommeil, une véritable hypersomnie. Quelques auteurs, tels que Soca, Righetti, Franceschi, ont tenu beaucoup à faire remarquer que la somnolence qui a été l'objet de leurs observations, n'était pas un simple assoupissement, mais une augmentation réelle du sommeil. Soca, le premier qui a fait cette distinction, nous a décrit le cas caractéristique d'un individu qui dormit pendant sept mois, par suite d'un sarcome de l'hypophyse : cette léthargie présentait, en effet, tous les signes particuliers du sommeil ordinaire (efficacité du réveil, perte de la conscience, etc.) Il ne s'agissait point d'une simple torpeur, mais de véritables crises de sommeil, dans le cas décrit par Burr Riesmann de sarcome de la région hypophysaire comprimant l'hypophyse. Leclerc remarque, parmi les symptômes initiaux de son cas d'épithéliome hypophysaire, un sommeil insolite de douze heures, ayant tous les caractères du sommeil physiologique. Dans le cas d'acromégalie et d'hypertrophie de l'hypophyse décrit par Brigidi, le patient tombait, après les repas, dans un sommeil si profond que ses amis crurent plusieurs fois qu'il avait pris des narcotiques. La même supposition a été faite dans le cas de Brooks, qui a présenté à l'autopsie une hypertrophie du lobe antérieur hypophysaire. Le cas de Packard d'acromégalie, avec un sarcome du corps pituitaire, eut trois attaques de sommeil très prolongées, dont la première dura pendant trois semaines.

L'hypersomnie, dans le cas de Waddel, ne se distinguait pas tellement par l'état continu de profonde somnolence que par des paroxysmes de sommeil se prolongeant pendant trente-six heures environ : dans ce cas l'hypophyse était hypertrophique et très vascularisée.

Le cas de Whyte d'acromégalie avec les symptômes d'une lésion encéphalique, malgré son excitation nerveuse, avait le sommeil très facile, *he can go to sleep at any time day or night.*

Dans le carcinome de l'hypophyse décrit par Formaneck, le patient souffrait d'un besoin irrésistible de dormir, comme s'il était atteint de la maladie du sommeil.

Le cas décrit récemment par Baduel d'inflammation péri-hypophysaire avec sclérose initiale de l'hypophyse, présentait depuis quatre ans une véritable hypersomnie, ayant tous les caractères du sommeil physiologique. L'auteur ne doute pas que cette hypersomnie soit en rapport direct avec la lésion hypophysaire.

Dans le quatrième cas de tumeur hypophysaire décrit par P. Stewart, le malade présentait aussi une somnolence continue ; il ne faisait que dormir, et s'améliora par l'extirpation de la tumeur.

La tendance au sommeil était de même extraordinaire dans le cas de Denti d'acromégalie avec les symptômes les plus évidents de la tumeur hypophysaire : le patient s'endormait chaque fois qu'il s'asseyait, même en présence de beaucoup de monde.

Dans le cas de gigantisme cité par Porter, on a remarqué une attaque de sommeil de soixante-deux heures.

Sandri a décrit récemment un cas de strume adénomateuse de l'hypophyse, reproduisant la structure du lobe épithélial hypophysaire avec persistance des cellules éosinophiles : le sujet gisait depuis cinq mois dans un état de *sommeil incoercible* ayant tous les caractères du sommeil physiologique.

Le cas de Mensinger offrait une somnolence telle que le

patient s'endormait pendant la conversation et les repas ; vinrent ensuite les troubles de la vue et l'accroissement de l'hypophyse. Dans le cas d'acromégalie, décrit récemment par Cange, *la somnolence était irrésistible* et se joignait aux signes caractéristiques de la tumeur hypophysaire. Le cas de Loweland Marlow dormait continuellement, il s'endormait même pendant l'interrogation du médecin, et présentait l'obésité, l'hémianopsie, puis la cécité sans la stase du fond oculaire, la céphalée, c'est-à-dire des symptômes qui révélaient clairement la tumeur de la glande pituitaire.

L'on pourrait maintenant supposer que la somnolence en question est due à la stase de la circulation cérébrale par la compression de la tumeur endocranienne et non pas à une modification fonctionnelle de l'hypophyse. Je ferai pourtant remarquer que l'augmentation du sommeil n'est pas un symptôme fréquent dans les tumeurs du cerveau, quoique ces tumeurs causent habituellement une augmentation de la pression endocérébrale. Soca qui a passé en revue des centaines de tumeurs du cerveau, n'y trouva que très rarement signalé le symptôme susdit. Je pourrais citer un grand nombre de tumeurs des ventricules où l'on ne parle absolument pas d'hypersomnie, quoiqu'il s'agisse de tumeurs qui, plus que les autres, provoquent la stase circulatoire. On sait, en outre, que les tumeurs de l'hypophyse ne déterminent que très rarement des phénomènes de stase endocranienne. En effet, un des symptômes les plus caractéristiques des tumeurs hypophysaires, c'est celui décrit par Bernhardt, consistant dans le défaut de la stase pupillaire, malgré la présence des signes tout particuliers à la compression du chiasma. Mallins a cité, par exemple, un sarcome du 3º antérieur de la base cérébrale, qui provoquait une somnolence continue, accompagnée des signes les plus caractéristiques de la tumeur hypophysaire : l'hémianopsie, l'élargissement de la fosse pituitaire ; dans ce cas on remarquait la somnolence sans les signes propres à la stase du fond oculaire ; elle ne pouvait pas, par conséquent, se rapporter aux conditions de la circulation cérébrale.

En étudiant les tumeurs de l'hypophyse, l'on remarque aussi que l'augmentation du sommeil n'est pas en raison directe du volume de la glande : cette particularité nous prouve à l'évidence que la somnolence propre à ces tumeurs n'est pas secondaire à la compression corticale. Ce symptôme, en effet, est souvent initial, et il n'est pas rare qu'il se manifeste avant que l'on observe les signes de l'accroissement de l'hypophyse, c'est-à-dire avant que la tumeur parvienne à exercer la compression des circonvolutions corticales. Dans le cas de Waldo la somnolence datait de six mois, et l'hypophyse n'était pas encore hypertrophique. Dans les deux cas décrits par Dercum d'acromégalie accompagnée d'une forte somnolence, les signes relatifs à la tumeur endocranienne résultaient très légers dans le premier cas et faisaient totalement défaut dans le second. Dans les cas de Dulles, Graham, Appleyard, la somnolence n'était pas accompagnée des signes de compression de l'appareil visif, c'est-à-dire des signes qui sont les premiers à se manifester dans l'accroissement de la glande pituitaire.

Une donnée également propre à démontrer que la somnolence dans les tumeurs hypophysaires doit ne point se rapporter à un simple fait mécanique, mais à une modification de la sécrétion hypophysaire, consiste dans le fait que le symptôme n'est pas signalé dans toutes les tumeurs de cette glande. L'on sait que les adénomes, bon nombre de sarcomes et d'épithéliomes glandulaires n'altèrent pas toujours, à leur début, la sécrétion propre au parenchyme glandulaire. Les observations d'Eiselsberg, Heller, Yungmann, Schmidt et d'autres auteurs ont prouvé que les cellules épithéliales néoplasiques ont le pouvoir de suppléer parfaitement à la sécrétion normale des glandes où elles ont leur siège. L'on remarque très souvent des cas d'épithéliome du pancréas sans glycosurie et des tumeurs rénales sans l'hypertrophie du rein opposé. Il n'est pas rare même que ces néoplasmes présentent des faits d'hypersécrétion. Neusser et Fränkel ont cité des cas d'épithéliomes des capsules surrénales avec les signes d'une suractivité sécrétoire. Un sarcome de la thyroïde décrit par Tillaux était accompagné de faits d'hyperthyroïdisme, qui disparurent après l'extirpation de la tumeur. Dans le cas d'épithéliome hypophysaire décrit par Launois et Roy, était caractéristique la similitude des cellules de la tumeur avec celles du corps pituitaire : il y avait une telle richesse de cellules éosinophiles que les auteurs supposèrent une hyperfonction glandulaire. Les mêmes caractères ont été signalés dans le cas de Cestan et Halberstadt d'épithéliome hypophysaire. Nous ne devons pas oublier que bon nombre de sarcomes de l'hypophyse, soumis à un examen microscopique très scrupuleux, ont résulté des fortes hyperplasies plus ou moins profondément dégénérées. Aussi Benda nia la formule de sarcome à plusieurs tumeurs hypophysaires. Hanau aussi estime que six tumeurs de la même glande, désignées comme sarcomes, doivent être considérées comme strumes parenchymateuses. Caselli a tiré la même conclusion dans six autres cas. On ne doit donc pas affirmer l'insuffisance de la fonction sécrétoire dans tous les néoplasmes hypophysaires.

L'on remarque en outre, à l'appui du rapport entre les altérations hypophysaires et les troubles du sommeil, que, tandis que l'hypersomnie est citée particulièrement dans les hypertrophies glandulaires (Brigidi, Brooks, Comini, Neal, Shuth et Shattock, Audry, Fratnich, Rayer, Righetti, Waddel), dans les strumes adénomateuses (Sandri, etc.), dans certains adénomes (Arnold), dans la première phase des épithéliomes (Sandri, Cestan et Halberstadt, Leclerc, Launois Roy), dans les sarcomes (Soca, Packard, Stevens, Handford, De Buck, Petrina, Walton, Cheney, Pardo, etc.), tumeurs qui n'étaient pas profondément dégénérées ou qui révélaient tout au plus une insuffisance très légère de la sécrétion hypophysaire, l'insomnie est signalée, au contraire, très fréquemment dans les tumeurs pituitaires complètement dégénérées ou bien dans les cas où la glande se présentait tout à fait détruite. L'insomnie était continuelle, par exemple, dans les cas de Duchesnau, où l'hypophyse était tellement ramollie que, lorsqu'on ouvrit la tumeur, la substance glandulaire en jaillit presque à l'état liquide. On a cité l'insomnie aussi dans les cas de Holsti, Osborne, Pechadre, cas qui, à l'autopsie, présentèrent l'hypophyse molle, pulpeuse. Mosse également cite l'insomnie dans le premier cas qu'il a décrit (autopsie Daunic) d'un sarcome diffus cellulaire de l'hypophyse avec l'hypertrophie de la thyroïde et la persistance du thymus, glandes qui présentent souvent l'hyperactivité de leur fonction dans les cas d'insuffisance hypophysaire. Dans le cas d'Eulenburg, d'acromégalie avec une tumeur maligne de l'hypophyse détruisant la selle turcique, le sommeil était agité et accompagné d'une sensation de terreur, d'angoisse et de troubles psychiques. Le cas d'acromégalie cité par Blair était également accompagné d'insomnie qui diminua ensuite par de fortes doses de substance pituitaire ; le même traitement a été également très efficace dans le cas de Rolleston. Nous remarquons aussi l'insomnie dans les cas d'acromégalie et tumeur hypophysaire décrits par Finzi, Wittern, Bruns, Erb, Pfammenstill, Josefson, Costanzo, Gessler, Gadd, Herzog, Haskovec, Tamburini. L'insomnie a été signalée dans le cas de Hippel (sans acromégalie), de tumeur molle de l'hypophyse avec foyers hémorragiques, dégénération jaline et disparition de la tissure folliculaire.

Antonini a décrit un cas de tumeur maligne de l'hypophyse, très molle avec complète destruction du tissu glandulaire ; la malade passait la nuit à se promener dans sa chambre. Cagnetto cite aussi l'insomnie continue dans un sarcome télangectasique de l'hypophyse avec absence complète des cellules chromophyles. Un sarcome malin métastatique de la glande pituitaire, cité par Warthin, secondaire à un sarcome du nez, déterminait l'irritation nerveuse, une extrême asthénie et l'insomnie, malgré la présence très visible des signes propres à la stase veineuse et ventriculaire. Rayer, dans sa quatrième observation, parle d'une tumeur hypophysaire aux foyers purulents et exhalant une odeur fétide : dans ce cas aussi, le sommeil était très difficile et troublé par des rêves affreux. L'insomnie a été aussi remarquée en corrélation avec un abcès de l'hypophyse rapporté par Battiscombe, où la glande était réduite en lambeaux traînant dans le pus, de même que dans un cas décrit par Bleitbreu, de tumeur maligne complètement dégénérée de la glande pituitaire. On remarquait enfin l'insomnie rebelle aux hypnotiques dans le cas de Ponfick, dans lequel la glande était tout à fait détruite, exception faite d'une petite portion fortement atrophique.

Les différents cas que nous venons de signaler suffisent, je crois, pour prouver que les troubles du sommeil dans les tumeurs de l'hypophyse ne sauraient être simplement attribués à la compression du cerveau ou à la stase circulatoire, mais qu'ils sont en rapport intime avec les modifications de la sécrétion glandulaire. Cette conclusion qui découle de l'étude des tumeurs hypophysaires, coïncide avec ce que l'on remarque dans les affections provoquant d'habitude une altération fonctionnelle de l'hypophyse.

2° La fréquence des troubles hypniques dans toutes les conditions physiologiques ou morbides se joignant aux modifications fonctionnelles de l'hypophyse.

L'augmentation du sommeil est effectivement un symptôme très fréquent dans toutes les conditions physiologiques ou morbides se joignant en général à l'hyperactivité de l'hypophyse ; l'insomnie est observée de même, très fréquemment, dans toutes les conditions physiologiques ou morbides déterminant la perte ou la diminution de sa fonction sécrétoire.

L'augmentation du sommeil est un symptôme très caractéristique dans le *myxœdème*, qui révèle d'ordinaire l'hyperactivité de l'hypophyse. Cette altération a été constatée par Gley, Boyce, Beadles, Niepce, Dolega, Langhaus, Bourneville, Briçon et par d'autres auteurs L'hypertrophie hypophysaire est secondaire à l'intoxication dépendant de l'insuffisance fonctionnelle de la glande thyroïde. La thyroïdectomie provoque également l'hypertrophie de l'hypophyse et une somnolence considérable.

L'insomnie, au contraire, est un symptôme très fréquent dans le *goitre exophtalmique*, qui représente la condition morbide parfaitement opposée au myxœdème. De même que cette dernière affection démontre l'insuffisance fonc-

tionnelle de la thyroïde et l'hypertrophie de la glande pituitaire, ainsi dans le goitre exophtalmique, l'hyperfonction thyroïdienne se joint très souvent à l'hyposécrétion
de l'hypophyse. Benda a remarqué, dans trois autopsies de
cette affection, une atrophie extraordinaire de la glande
pituitaire avec une diminution évidente de ses cellules
granuleuses. Gemelli aussi l'a trouvée frappée de dégéné-
rescence colloïde. Ces observations se concilient parfaitement avec les expériences de Guerrini, Renon et Delille,
qui ont constaté que les extraits thyroïdiens déterminent
d'abord l'hyperfonction de l'hypophyse et ensuite son hyposécrétion. On peut donc supposer que dans tous les cas
graves de goitre exophtalmique, même en faisant abstrac-
tion de la pathogénie de cette affection, l'intoxication thyroïdienne détermine une altération fonctionnelle ou organique de l'hypophyse, d'où l'insomnie. Nous avons la
meilleure confirmation de cette hypothèse dans le fait que
l'insomnie des basedowiens diminue par les extraits hypophysaires, de même que la somnolence des myxœdémateux
s'améliore par les extraits thyroïdiens.

L'augmentation du sommeil est un signe caractéristique
dans les *intoxications lentes d'origine gastrique, intestinale, hépatique, rénale*, intoxications qui ont déterminé
expérimentalement une hypersécrétion de l'hypophyse et
parfois une véritable hypertrophie de son parenchyme
(Guerrini).

L'hypertrophie de l'hypophyse se déclare très souvent à
la suite de *la suppression de la fonction des glandes génitales* (ovaires, testicules), glandes également douées d'une
sécrétion interne. Compte, Morandi, Launois, Moulon,
Guerrini ont remarqué l'hyperactivité fonctionnelle de
l'hypophyse pendant la grossesse, Fichera dans la castration. Dans les cas d'acromégalie l'on a vu souvent survenir
le néoplasme hypophysaire en même temps que la somnolence, après la suspension des règles (Day, Herbst). Or,
nous savons que l'augmentation du sommeil est un symptôme très fréquent et souvent initial dans la grossesse et
après la castration.

La *pilocarpine* augmente la sécrétion hypophysaire (Guerrini) et provoque aussi une augmentation du sommeil. L'*atropine* produit l'effet contraire ; elle détermine l'insomnie.

Dans *l'influenza*, la glande est généralement congestionnée, hypertrophique. Boyce, Beadles, qui ont examiné une centaine d'hypophyses, ont remarqué que dans les cas d'influenza elle était d'habitude plus grande, souvent hypertrophique. Or, cette affection est d'ordinaire accompagnée d'une grande augmentation de sommeil. Barret a décrit une crise de sommeil d'origine grippale, qui se prolongea pendant dix jours. Un patient de Frome Young, après avoir présenté les symptômes de l'influenza, eut une somnolence de quatre jours, accompagnée de céphalée et de douleurs à l'orbite derrière les globes oculaires, symptômes très communs aux lésions hypophysaires. Une épidémie d'influenza à Tubinga (1812) a révélé le syndrome de la maladie du sommeil. C'est enfin une opinion générale que les cas de Nona décrits les siècles derniers, n'étaient que des cas d'influenza dont le symptôme prédominant était la somnolence (Barret).

L'hypophyse a été trouvée, dans l'*épilepsie*, bien vascularisée (Boyce Beadles), très souvent hypertrophique (Claude, Schmiegerld), et tout le monde sait que ces malades ont généralement un sommeil très profond et que les attaques comitiales ordinaires sont suivies et parfois substituées par un profond sommeil.

Les rapports entre l'augmentation du sommeil et *l'obésité* sont, nous l'avons déjà remarqué, très caractéristiques. S'il existe une affection dont la pathogénie est intimement liée aux troubles fonctionnels de l'hypophyse, telle est, sans doute, l'obésité. Les tumeurs hypophysaires décrites par les auteurs suivants se joignaient à une polysarcie plus ou moins remarquable : voir les cas de Fuchs, Burr, Riessman, Dercum, Frowlich, Cestan et Halberstadt, Leclerc, Nothnagel, les deux cas de Zack, celui de Buch, la tumeur très probablement gommeuse de Loweland Marlow, celle de Pitres, les cas de tumeur de l'hypophyse avec acromégalie cités par Mastri, Caton, Benson, etc. Dans presque tous ces cas, l'obésité se joignait à une forte somnolence se manifestant en général en même temps que l'augmentation de la graisse.

Le cas Madelung, dont l'importance égale celle d'un *experimentum in vita*, suffirait à lui seul à démontrer les rapports intimes existant entre l'hypophyse, la fonction adipogénique et le sommeil; il s'agissait d'une jeune fille qui, blessée accidentellement par un projectile pénétrant dans la cavité cranienne, présenta, peu de mois après, une obésité progressive et une augmentation du sommeil (*sie schläft sehr viel*) ; l'on observa ensuite avec la radiographie que le projectile s'était logé près de la selle turcique. Franceschi, Berger, Cushing nous ont aussi décrit des tumeurs cérébrales, comprimant l'hypophyse ; dans ces cas aussi, l'obésité se joignait à un état de sommeil continu et bien défini. Les relations entre l'obésité et les troubles fonctionnels de l'hypophyse sont telles que Frowlich et Fuchs soutiennent qu'il suffit d'une polysarcie à développement rapide pour faire soupçonner l'existence d'un trouble fonctionnel de la petite glande cérébrale. Il n'est certes pas casuel que l'obésité et l'augmentation du sommeil se manifestent en même temps, dans certaines conditions physiologiques ou morbides accompagnées généralement d'une hyperactivité fonctionnelle de l'hypophyse, telles que la grossesse, la ménopause, la castration des organes génitaux, le myxœdème, la thyroïdectomie, l'acromégalie, les intoxications lentes, etc. De même, la diminution de sommeil et l'amaigrissement se vérifient lorsque la glande ne fonctionne pas : savoir, dans les tumeurs dégénérées ou destructives de l'hypophyse, dans l'hyperthyroïdisation expérimentale, dans le goitre exophtalmique, etc.

Le sommeil est également court chez les vieillards, lorsque l'hypophyse présente une sensible diminution des cellules chromophiles (Benda, Vassale, Guerrini), dans *l'artériosclérose*, qui détermine parfois les plus graves altérations de la glande susdite, ainsi qu'il a été remarqué par Tickromiroff, Bonardi, Klippel, Vigouroux. Labadie,

Lagrave et Deguy admettent que les troubles fonctionnels de l'hypophyse peuvent, à eux seuls, favoriser le développement de la sclérose artérielle, en provoquant des faits d'auto-intoxication.

L'insomnie par *l'inanition* s'accorde également avec la diminution des cellules chromophiles hypophysaires que l'on a observées dans cette condition morbide (Guerrini).

Nous voyons donc clairement qu'il existe un rapport entre le sommeil et la fonction de l'hypophyse, non seulement dans les tumeurs de cette glande, mais aussi dans toutes les conditions physiologiques ou morbides qui révèlent une modification de son activité sécrétoire.

Nous étudierons plus loin le rôle de l'hypophyse dans la fonction hypnique. Il nous suffit maintenant d'avoir démontré l'importance de ces relations, ce qui constitue, à mon avis, un des arguments meilleurs, à l'appui de la théorie sécrétoire du sommeil.

§ 4. — Le sommeil hibernal.

A. — Analogie du sommeil hibernal avec le sommeil quotidien

Le sommeil hibernal présente, sans doute, la plus étroite analogie avec le sommeil. La léthargie est précédée des mêmes actes instinctifs que l'on remarque dans le sommeil quotidien; à l'approche de l'hiver, les animaux vont en quête d'un endroit solitaire, pour y construire leur couche ; ils évitent la lumière et les bruits, ce que font également les animaux qui désirent s'endormir. Ils ne s'assoupissent que lorsqu'ils sont bien sûrs qu'ils ne seront pas dérangés pendant le sommeil : ils reculent le moment de s'endormir, pendant leur captivité. La léthargie, comme le sommeil quotidien, implique ainsi le consentement de l'animal qui va s'endormir. La léthargie est précédée d'un sommeil de vingt-quatre à trente-six heures, parfaitement analogue au sommeil normal, et dont le réveil peut être facilement provoqué par les stimuli les plus communs; le sommeil devient peu à peu plus profond ; vers le mois de janvier, il atteint e maximum de son intensité et diminue ensuite lentement jusqu'à la fin de l'hiver. Nous voyons donc que la courbe de la léthargie, sauf sa plus grande longueur et profondeur, est parfaitement analogue à la courbe de notre sommeil.

Nul doute que la léthargie, ainsi que le sommeil, constitue un phénomène physiologique, si l'on pense que les animaux peuvent rester, grâce à elle, de six à huit mois complètement à jeun. Ces deux phénomènes ont la même signification biologique; ils représentent pour les animaux un ralentissement providentiel du métabolisme, une suspension de leur énergie chimique, de l'usure de leurs tissus. La léthargie a donc une importance toute spéciale pour l'étude du sommeil; nous verrons, en effet, qu'elle peut éclairer la nature de ce phénomène. Cherchons d'abord d'en fixer la cause.

B. — Cause de la léthargie hibernale

Plusieurs auteurs attribuent l'origine de la léthargie au froid, d'autres au défaut de nourriture. Sans doute le froid est une des conditions les plus favorables au dégagement de la léthargie, qui, en effet, commence généralement avec les premiers froids d'hiver et finit au commencement du printemps. Si l'on réchauffe artificiellement un animal assoupi, il se réveille momentanément. Malgré cela, nous ne pouvons cependant pas admettre que le froid soit la condition fondamentale de la léthargie. Ce phénomène peut se produire aussi pendant la chaleur ; beaucoup de mammifères tombent en léthargie pendant les mois d'été : l'alligator et le crocodile s'endorment dans les contrées tropicales de l'Amérique pendant la saison sèche et chaude (Humboldt). A Madagascar le tanrec dort pendant trois mois, à l'époque des grandes chaleurs. La léthargie même des mammifères hibernants commence souvent lorsque la température n'est pas encore très froide. Les loirs s'endorment à 12° au-dessus de zéro et se réveillent généralement quand il fait encore très froid. Les marmottes sortent de leur léthargie lorsque les montagnes sont encore couvertes de neige. Les chauves-souris se réveillent quand le thermomètre est à 2° au-dessous de zéro. Le froid trop vif, ainsi que Bechstein l'a remarqué pour l'hamster, empêche la léthargie. Si, pendant l'hiver, l'on ouvre la tanière des marmottes, elles meurent aussitôt qu'elles en sortent. Mangili, Valentin, Saissy ont constaté que les animaux hibernants peuvent parfois rester éveillés malgré le froid le plus rigoureux. Forel a remarqué que ses loirs ne se sont pas endormis en hiver, mais qu'en revanche ils se sont livrés au plus profond sommeil depuis le mois de mai jusqu'au mois d'août. L'on peut donc considérer le froid comme une des causes favorisant d'une façon spéciale la léthargie, mais non point comme la condition fondamentale, la cause déterminante de ce phénomène.

Hunter, Merzbacher soutiennent que la cause de la léthargie consiste dans le défaut de nourriture. Il est certain que ce facteur a son importance dans le sommeil hibernal : les animaux, et dans certains pays les hommes aussi, s'endorment instinctivement en temps de disette. Mais cette cause ne peut pas non plus, à elle seule, expliquer le mécanisme de la léthargie. En fait, si vous essayez de réveiller un animal et de lui offrir à manger ce qui lui plaît le plus, vous le verrez très souvent refuser ou ne pas digérer les aliments et se rendormir. Les insectes dorment dans les chambres chauffées et près des aliments, c'est-à-dire que le besoin de dormir l'emporte sur celui de manger.

D'autres auteurs soutiennent que le sommeil est dû à l'hypernutrition, à l'obésité (Burdach). Il est incontestable que les animaux tombent en léthargie lorsqu'ils sont très gras, et qu'ils ne parviennent pas à s'endormir s'ils n'ont pas accumulé une certaine quantité de graisse. Foucault,

Forel admettent que c'est le maximum de la polysarcie qui provoque la léthargie. Forel a constaté qu'un loir, insuffisamment nourri pendant l'automne, ne dormit pas en hiver, mais que, l'ayant ensuite nourri abondamment, il se livra au sommeil pendant le printemps et l'été. Le rapport qui existe entre l'obésité des animaux hibernants avant la léthargie et la léthargie elle-même, n'est certes pas sans importance et constitue un des arguments les plus valides de la conception positive du sommeil, en démontrant que ce phénomène est une fonction active ayant besoin d'un état suffisant de nutrition pour se produire. Pourtant, nous ne parviendrons pas à comprendre par quel mécanisme cette accumulation de graisse, cette obésité peut produire la léthargie. Il faut que, dans ce phénomène, nous trouvions aussi la cause qui ralentit la combustion de ces substances de réserve, permettant une si longue survie de l'animal. Il n'y a pas d'obésité qui, à elle seule, puisse faire vivre un animal pendant six à huit mois.

Dubois attribue la léthargie à une intoxication par l'acide carbonique : le réveil serait dû au maximum de cette intoxication. A l'appui de son hypothèse, Dubois a remarqué toujours chez les marmottes en léthargie une augmentation d'acide carbonique dans le sang. Cette conception a été combattue avec succès par Mosso, qui a prouvé que les marmottes ne se réveillent pas dans la raréfaction artificielle de l'air, ce qui devrait nécessairement arriver si le sommeil de ces animaux était dû à un empoisonnement d'acide carbonique. Et même en soutenant avec Dubois qu'une telle intoxication se produise dans la léthargie et provoque le réveil, quel mécanisme pourrait-on invoquer pour expliquer le fait que le réveil ne s'effectue pas au milieu de l'hiver, lorsque l'intoxication et le sommeil qui en dérive atteignent le maximum de leur intensité ? Le sommeil, d'après Dubois, serait un état négatif et non pas une activité positive, une fonction, ainsi que le soutient, avec juste raison, la théorie biologique. Dans la léthargie et dans le sommeil quotidien s'observent des faits trophiques, de réparation organique, dont une théorie toxique ne saurait absolument donner une explication.

La conception psychologique de Claparède et de Brunelli que le *sommeil hibernal est un instinct* pourra être invoquée quand nous étudierons l'origine de la léthargie, mais elle ne donne guère d'explications sur la nature du phénomène, sur ses effets trophiques, sur son mécanisme.

Quelle est donc la cause déterminante de la léthargie ? « Ce ne sera qu'en tenant compte de la nature des organes internes — écrit Cuvier — que nous réussirons à expliquer les phénomènes léthargiques. » Ce sont des facteurs internes, soutient également Claparède, qui coopèrent avec des facteurs externes au déclanchement de la léthargie hibernale. Il faut donc diriger notre attention sur les modifications fonctionnelles des viscères internes des animaux hibernants. R. Monti, comme conclusion de maintes expériences qu'elle a faites sur les marmottes, soutient que toutes les cellules des différents tissus dorment pendant la léthargie. Effectivement, dans ce phénomène, non seulement se produit le repos des centres nerveux, mais aussi celui de tous les principaux organes qui, au cours de la veille, manifestent une très grande activité dans leurs fonctions (organes digestifs, sexuels, etc.). Je dois cependant appeler l'attention sur la glande hibernale, un organe très important qui se trouve presque exclusivement chez les animaux hibernants.

C. — Importance de la glande hibernale dans la léthargie des mammifères.

Cette glande que Valentin considérait comme l'organe le plus remarquable des animaux hibernants, est logée dans la région thoracique, à côté du thymus; cet organe grossit graduellement en été; en automne, il devient si gros qu'il s'étend jusqu'aux aisselles, le long de la colonne vertébrale, pour atteindre le maximum de son volume au début de la léthargie. Pendant le sommeil, non seulement cette glande consomme toute sa graisse dont elle est très riche, mais elle se détruit presque complètement de sorte qu'au réveil, il n'en reste qu'un simple tissu fibreux. Or, il est très intéressant de remarquer que, tandis que dans la léthargie presque tous les organes conservent leur poids ou se bornent à garder leur propre graisse, cette glande détruit tout à fait son parenchyme, et on n'en trouve plus aucune trace au printemps. Valentin remarque que sa conformation rappelle beaucoup celle des glandes sanguines, en constatant dans ses cellules la présence de nombreuses granulations très distinctes de la graisse. Ecker a confirmé cette observation, en ajoutant que, pendant qu'en été la glande est composée de graisse, elle est, au contraire, très vascularisée dans la léthargie ; son aspect est alors celui d'un tissu adénoïde, contenant beaucoup de substances protéiques et des noyaux très riches en chromatine. Afanassiew (1877) a démontré, à l'appui des recherches faites par Ecker, la présence de grandes cellules polygonales avec un protoplasme granulaire et de cellules éosinophiles, en constatant aussi la présence de l'hémoglobine, qui aurait, selon cet auteur, une importance spéciale dans la combustion des graisses. Engelmann a aussi établi une distinction entre le tissu de la glande hibernale et le tissu adipeux ordinaire, en reconnaissant que les cellules granuleuses abondent en graisse labile (lécithine) ; il a remarqué, lui aussi, leur analogie avec les cellules surrénales, intestinales, testiculaires. Malesani (Lonigo, 1902) a examiné la glande susdite chez les lapins, les marmottes, les hérissons, les chauvessouris, les rats, et a constaté chez les animaux non hibernants, le lapin par exemple, qu'elle ne se compose que de graisse [1], tandis que chez les hibernants, elle a l'aspect macroscopique et microscopique d'une véritable glande en grappe, lobulaire, analogue à la thyroïde, sans conduit excréteur ; la glande perd son aspect caractéristique à la fin

---

1. La présence de la glande, chez les animaux non hibernants, est assez significative et prouve, peut-être, que dans les anciens temps, par le manque absolu de nourriture, ces animaux tombèrent en léthargie pendant l'hiver.

de la léthargie (au mois de mars). Malesani conclut que cet organe est très important pour l'étude du sommeil hibernal, pendant lequel il servirait à entretenir la nutrition de l'animal endormi.

Certains faits militent enfin en faveur du rôle spécifique de la glande pendant la léthargie. Valentin a remarqué déjà, qu'à un certain moment du sommeil hibernal, tous les organes perdent totalement leur graisse, excepté la glande hibernale, qui conserve presque tout son poids, tout en étant l'organe le plus riche en graisse. Cette observation précieuse démontre la faculté que la glande possède de conserver à peu près intactes toutes les énergies nécessaires à son fonctionnement, et constitue la meilleure démonstration de ce que la glande hibernale représente, pendant la léthargie, l'organe le plus vital, le plus important par rapport aux autres tissus.

Les recherches importantes de Carlier suffisent à démontrer l'activité fonctionnelle spécifique de cette glande pendant la léthargie. En étudiant la glande susdite chez les hérissons léthargiques, il observa que le protoplasme de ses cellules se résout en granulations, dont dérive un matériel coagulable, homogène, colloïde (celloid looking) se répandant parmi les cellules ; l'auteur ajoute que tout le protoplasme semble se transformer dans ce matériel, qui est emporté par le courant lymphatique pour servir probablement à la nutrition du corps. Cette observation s'accorde avec celle d'autres auteurs (Dubois) disant que la glande hibernale abonde, pendant la léthargie, d'une substance collagène se transformant, par ébullition, en gélatine. Serbelloni a découvert cette même substance en grande quantité dans le sang et dans les muscles des marmottes en léthargie, et ne la trouva pas chez les animaux non hibernants (lapin). Carlier a remarqué aussi, dans les glandes hibernales du hérisson en léthargie, les signes les plus évidents d'une activité nucléaire remarquable. Le noyau, très riche en chromatine, semble augmenter de volume et diminuer ensuite apparemment de chromatine ; c'est alors qu'apparaissent les nucléoles, les endonucléoles et les paranucléoles. Le nucléole d'apparence homogène, comme dans l'ovaire de certains animaux, va vers la paroi nucléaire, la traverse et disparaît dans le protoplasme cellulaire. Ce processus se répète plusieurs fois jusqu'à ce que le nucléole commence à dégénérer et ensuite se dissout. La disparition du nucléole est suivie de celle du noyau. Le nucléole se partage quelquefois en deux parties égales, formant ainsi deux nucléoles; par conséquent, pendant la léthargie, il y a des cellules dont les noyaux se trouvent dans des stades différents de leur transformation; quelques-unes d'entre elles sont douées de plusieurs noyaux. Carlier n'a pas remarqué ces transformations, ces phénomènes de caryokinèse, après le réveil : la glande, dans cette période, était réduite à un réseau de vaisseaux sanguins avec disparition de toute conformation cellulaire. Nous voyons donc que, tandis que, pendant la léthargie, toutes les cellules des divers tissus sont dans le repos le plus absolu, cet organe, dont la structure est analogue à celle de la thyroïde (Engelmann), est le siège d'une activité protoplasmique et nucléaire très remarquable, témoignant de son énergie fonctionnelle. L'importance de la glande hibernale dans la léthargie est incontestable non seulement parce que le sommeil débute lorsque la glande touche le maximum de son développement, mais aussi par le fait que la léthargie diminue lentement avec l'épuisement complet de son activité fonctionnelle et cesse tout à fait quand la glande a perdu toute structure cellulaire.

La turgescence spéciale de cette glande avant le sommeil nous représente ce facteur interne invoqué par Claparède pour expliquer la disposition aux actes instinctifs précédant la léthargie. Ce facteur interne serait parfaitement analogue à celui qui préside à l'instinct de manger, à l'instinct sexuel, dont nous connaissons le rapport avec la fonction d'organes sécrétoires spéciaux.

D. — Analogie de la léthargie hibernale avec l'état embryonnaire

La conception qu'un appareil à sécrétion interne préside au sommeil hibernal, éclaire non seulement la cause, la nature jusqu'à présent inexplicable de cette fonction, mais aussi l'analogie que ce phénomène présente avec l'état embryonnaire. D'après plusieurs auteurs (Burdach, Pallas, Tiedemann, Meckel, Müller), le sommeil hibernal peut parfaitement être comparé au sommeil embryonnaire. L'on admet en général que le fœtus dort dans le ventre maternel, et que l'état continu de sommeil qu'on remarque pendant les premiers jours de vie n'est que la prolongation du sommeil fœtal.

L'état embryonnaire et la léthargie sont deux états où la vie végétative domine absolument sur la vie psychique. L'attitude du fœtus, l'inaction sensorielle et locomotrice, la conservation de l'existence sans l'alimentation et la défécation, la disposition du thymus, l'état du sang, l'hypertonie musculaire présentent, sans doute, une singulière analogie avec l'attitude de l'animal en léthargie, avec son état myotonique, avec la disposition de la glande hibernale. L'état embryonnaire, de même que la léthargie, présente le rapport le plus intime avec l'activité d'organes spéciaux à sécrétion interne (syncitium, thymus).

§ 5. — L'état de chrysalide ou de nymphe.

Considérons enfin l'*état de chrysalide*, dont l'analogie avec le sommeil est également caractéristique (Burdach). Beaucoup d'insectes passent le sommeil d'hiver dans la situation analogue à celle qu'ils présentent à l'état de chrysalide : la tête enfoncée dans le corselet, les pattes et les antennes repliées le long du corps (Succow). Pendant l'état de chrysalide, ainsi que pendant le sommeil, l'animal se tient parfaitement immobile, il présente la plus complète abolition de la vie animale, tout en opposant, par de légers mouvements réflexes, une certaine réaction aux stimuli externes. La nymphose est précédée, ainsi que la léthargie, d'un état d'hypernutrition qui semble presque une condition fondamentale de son déclanchement ; les chenilles n'entrent pas dans l'état de chrysalide si elles ne sont pas bien nourries, de la même manière que les hibernants ne s'endorment pas sans avoir emmagasiné dans leur organisme leur matériel de réserve, la graisse. On sait que pendant cet état de sommeil apparent, un travail de nutrition et de reproduction admirable se produit, et se manifeste, à la fin de ce sommeil, par l'apparition de l'insecte complètement formé. Ce travail de nutrition et de reproduction a été magistralement étudié par Berlese, dans son important ouvrage sur la nymphose. Il a démontré que dans l'état de chrysalide se produisent l'affaiblissement et la destruction du tissu musculaire, des éléments nerveux et de l'appareil digestif, tandis qu'un organe, le corps adipeux, acquiert une activité fonctionnelle spéciale. C'est justement cet organe qui préside à la nutrition de la chenille et qui élabore les sucs nourriciers nécessaires à sa transformation. Les cellules adipeuses augmentent de volume et présentent un cytoplasme réticulaire très épais dont les mailles contiennent des granulations colorées par l'hémallume, granulations qui sont tout simplement des gouttes de substances albumineuses élaborées ou à élaborer. Les cellules adipeuses ont la propriété d'élaborer les matériaux nourriciers et de les convertir en albumine assimilable. Pendant l'état de chrysalide, il se produirait, par conséquent, dans le corps adipeux un véritable processus de digestion intra-cellulaire ; les dépôts uriques que l'on y remarque à cette période, en constitueraient la meilleure preuve.

Or, il est évident que ces faits digestifs ne peuvent se produire dans les cellules adipeuses que par un processus de sécrétion interne parfaitement analogue à celui que Mingazzini a observé dans les cellules épithéliales des villosités intestinales, qui élaborent également des substances protéiques et les transforment en albumine assimilable.

Si nous résumons maintenant l'étude rapide que nous venons de faire sur la léthargie hibernale, sur l'état de chrysalide et enfin sur l'état embryonnaire, sur ces trois phénomènes très analogues au sommeil, on peut conclure qu'ils révèlent le plus intime rapport avec la fonction d'organes spéciaux à sécrétion interne. En fait, dans tous ces états le repos absolu de la vie psychique coïncide précisément avec l'activité fonctionnelle de ces organes sécrétoires, qui jouent certainement le rôle le plus important dans le métabolisme des animaux léthargiques. Cette conclusion nous fournit aussi la meilleure confirmation de la théorie sécrétoire du sommeil, en nous dévoilant presque la nature de cette fonction. Elle nous porte à admettre que le sommeil quotidien, ainsi que la léthargie hibernale et l'état de chrysalide, consiste en *une fonction végétative, en une fonction de sécrétion, intimement liée à l'activité fonctionnelle d'organes spéciaux à sécrétion interne.*

CHAPITRE V

LE ROLE DES CELLULES NERVEUSES DANS LE SOMMEIL

Le phénomène du sommeil a une importance fondamentale pour notre vie psychique, de même que pour notre vie végétative. Le sommeil représente le repos absolu des centres nerveux, ainsi que le repos relatif de tous les tissus de notre organisme. Les expériences de Scharling, Pettenkoffer, Voit, Liebermeister, Quincke, Beaunis, Laehr Pflüger, concernant le sommeil physiologique, celles de Quincke et Delsaux sur la léthargie hibernale, démontrent que le sommeil détermine un ralentissement considérable des échanges organiques. Nous avons vu que ce ralentissement est providentiel pour la vie des animaux, puisqu'il représente une économie non indifférente de l'usure de leurs tissus et une diminution de leurs produits cataboliques toxiques. L'on peut donc définir le sommeil : la suspension de l'intoxication continue et prolongée de notre vie journalière. Tous les auteurs admettent cependant que le ralentissement du métabolisme organique n'est point la cause du sommeil, mais qu'il est une simple conséquence de la dépression fonctionnelle des centres nerveux, c'est-à-dire des centres qui règlent les échanges chimiques de nos tissus et leur combustion. Winternitz a démontré le rapport intime qu'il y a entre l'activité respiratoire et l'excitabilité des centres respiratoires cérébraux. Boehm et Hoffmann ont remarqué que la section de la moelle épinière cause une diminution sensible de la combustion du glycogène et des hydrates de carbone. Belmondo a constaté également chez les pigeons à jeun, auxquels il avait enlevé le cerveau, que la diminution progressive du poids corporel est très inférieure à celle que subissent les pigeons à l'état normal, dans les conditions analogues : le même auteur a observé que la quantité d'azote éliminée journellement dans les conditions susdites est également bien inférieure à celle éliminée par les pigeons non mutilés. L'on a, d'autre part, démontré l'influence considérable qu'exercent toutes les sensations sur l'activité de notre métabolisme. On peut rappeler, à ce propos, les expériences de Moleschott, Selmi, Placentini, Pott, Aducco sur la lumière, celles de Fubini, Benedicenti sur la respiration, de Rohrig, Zuntzy, Paalzow, Wartanoff sur les stimuli cutanés, etc. Toutes ces expériences nous montrent clairement que la dépression des centres nerveux, telle qu'on l'observe dans le sommeil, détermine nécessairement un ralentissement de la vie organique et du métabolisme. L'on constate, en effet, dans la léthargie, que la diminution du poids, l'usure de la graisse, si considérables à leur début, cessent très sensiblement lorsque le sommeil devient plus profond ; cette période coïncide précisément avec la diminution de la température, qui constitue le meilleur indice du ralentissement de la nutrition. Il est donc incontestable que ce ralentissement nutritif n'est point la cause du sommeil, mais qu'il est la conséquence de l'état de repos des centres nerveux présidant au métabolisme organique.

Pour comprendre ainsi les effets complexes que le sommeil exerce sur tout l'organisme, nous ne devons pas rechercher le siège de ce phénomène en dehors de la boîte cranienne, car ce n'est que dans notre cerveau que se produit l'état morphéique, l'acte hypnique proprement dit ; c'est donc exactement dans l'étude de la cellule nerveuse que nous pourrons trouver la clef du mécanisme intime du sommeil.

§ 1. — La cellule nerveuse ; ses principales notions anatomiques et physiologiques.

La cellule nerveuse se compose de trois parties fondamentales, savoir : le corps cellulaire, les prolongements protoplasmiques (dendrites) et le prolongement cylindraxile ou axone. Le protoplasme se présente finement granuleux, entrecoupé d'une quantité de minces fibrilles qui s'entrecroisent de façon à offrir l'aspect d'un réseau (réseau protoplasmique) : ces fibrilles s'étendent dans les prolongements protoplasmiques et surtout dans le cylindraxe. Golgi a également décrit un réseau intracellulaire, qui ne diffère pas, selon Ramon y Cajal et d'autres auteurs, du système de canalicules intracellulaires, décrit par Holmgren.

Le noyau, logé au centre de la cellule, présente une membrane et un contenu composé d'un réseau très lâche de linine et de granulations colorables avec l'éosine, la fuchsine acide. Il y a des granulations érytrophiles, cyanophiles et basophiles. Le noyau contient un ou plusieurs nucléoles ; Lévi a démontré que le nucléole se compose d'une partie centrale à réaction acidophile intense, bien qu'elle se teigne également par les couleurs basiques, et de grumeaux basophiles périphériques, constitués par la nucléine.

Toute cellule nerveuse, par la méthode de coloration de Nissl, paraît formée de deux parties bien distinctes : l'une est une substance ayant beaucoup d'affinité pour les substances colorantes, bleu de méthylène (substance chromatique), l'autre est une substance non colorable (substance achromatique). La *substance chromatique*, représentée par les *éléments chromatophiles* ou corpuscules de Nissl, est constituée d'un matériel nucléo-protéide (Scott), très abondant dans le protoplasma des cellules nerveuses hautement différenciées et dans leurs troncs protoplasmiques ; elle a la forme soit de granulations logées dans les anneaux du réseau, soit de blocs s'accumulant particulièrement autour du noyau.

La substance achromatique est formée par les fibrilles constituant le réseau protoplasmique et le cylindraxe, qui paraît être comme la continuation directe de ce réseau. L'on est d'avis que la fonction de conductivité des ondes nerveuses appartient aux fibrilles, c'est-à-dire à la substance achromatique, tandis que les éléments chromatiques constituent une substance isolante pour la conduction. ·

La cellule nerveuse présente les plus remarquables modifications du protoplasma pendant les différents états de son activité. Les recherches expérimentales de Hodge, Mann, Vas, Nissl, Magini, Eve, Pergens, Cajal, Pugnat, Robertson, V. Gehuchten, O. Van Durme, Pellizzi, Demoor, Lugaro, Manaresi, Levi, Dustin, Odier, démontrent que les cellules nerveuses augmentent de volume pendant leur activité modérée; le noyau et le nucléole deviennent plus turgides. G. Lévi a remarqué en outre la présence de granulations acidophiles ou fuchsinophiles (granulations de Levi), qui augmenteraient en raison directe de l'activité cellulaire. Dans l'activité poussée à l'état de fatigue, le protoplasme cellulaire et le noyau subissent une véritable rétraction, et on observe, par suite, une diminution de volume de la cellule, du noyau et du nucléole.

Ramon y Cajal, Tello, Garcia ont constaté aussi des modifications très importantes dans les fibrilles, pendant les divers états fonctionnels de la cellule nerveuse. Ils ont remarqué chez les lézards et les mammifères que, lorsque l'activité de la cellule diminue, — par exemple dans l'inanition, la fatigue, le froid, — les neurofibrilles s'épaississent, deviennent plus colorables, diminuent de nombre, tandis que dans l'hyperactivité on observe leur multiplication, leur affinement, une diminution considérable de leur chromaticité.

A. — Modifications de la substance chromatique pendant les états d'activité et de repos.

Les modifications des éléments chromatophiles pendant les états d'activité et de repos de la cellule nerveuse, ont une valeur toute spéciale. Nous verrons plus tard leur importance dans l'étude du sommeil.

Pergens, Eve, Pugnat, Vas, Pellizzi, Van Gehuchten, Luxenburg, Demoor, Mann, Pick, Robertson, Holmgren, Chiarini, Tschassownikoff, O Van Durme, Nissl ont remarqué, pendant l'activité de la cellule nerveuse, la dissolution de la substance chromatique. Lugaro, tout en observant la chromatolyse pendant l'activité exagérée, a constaté une augmentation de la coloration dans la première phase de l'activité cellulaire. Geeraerd nous dit pourtant que cette surcoloration dépend non point d'un accroissement des éléments chromatophiles, mais de leur raréfaction, de leur plus grande diffusion dans le protoplasme. L'on observe aussi la chromatolyse dans la cellule nerveuse après la section ou l'arrachement des nerfs périphériques, lésions qui déterminent une réaction très forte dans les cellules correspondantes [1].

Mann, V. Gehuchten, Holmgren, Nissl, Robertson, Geeraerd, Pellizzi, O Van Durme ont constaté une augmentation des éléments chromatophiles pendant le repos fonctionnel de la cellule nerveuse. Mann a étudié les cellules

---

1. La réaction que la cellule nerveuse présente après la section ou l'arrachement des nerfs périphériques, se révèle par les signes caractérisant l'état de suractivité de la cellule nerveuse, poussée jusqu'à l'état de fatigue, d'épuisement : savoir la tuméfaction du protoplasme, du noyau, du nucléole, le déplacement du noyau, la dissolution centrale de la substance chromatique. Ces lésions, écrivent Sjovall et Holmes, sont les mêmes qu'on remarque après l'administration des substances convulsivantes déterminant l'hyperfonction, la suractivité de la cellule nerveuse. La réaction est suivie d'ordinaire du processus de réparation organique, savoir de la reformation des éléments chromatophiles.

de la rétine des corps genouillés externes, des tubercules quadrijumeaux et des lobes occipitaux de quatre chiens auxquels il avait bandé les yeux pendant douze heures, et a constaté que la substance de Nissl augmente pendant le repos et diminue pendant l'activité de la cellule nerveuse. Pergens a observé aussi que la lumière provoque la diminution de la quantité de chromatine ou nucléine dans les éléments constituant la rétine des poissons ; l'état d'obscurité ou le stade de repos des cellules susdites détermine, au contraire, une abondance de chromatine dans le noyau : dans le stade initial d'activité, une partie de cette chromatine se dissout et se répand sur une plus grande surface, ce qui fait supposer, à tort, une augmentation de sa quantité. La coloration du protoplasma est en rapport direct avec la quantité de nucléine. Robertson a également observé que, pendant l'activité de la cellule nerveuse, la substance chromatique diminue et les granulations acidophiles de Lévi augmentent, tandis que pendant le repos on observe les faits opposés.

B. — Signification biologique de la substance chromatique

1° *L'analogie du processus chromatogénique avec la glycogénie*

Quelle signification biologique devons-nous donner aux éléments chromatophiles ? Van Gehuchten, Lugaro, Cajal, Lenhosseck, Brihler admettent qu'ils représentent une substance de réserve servant à la nutrition des cellules nerveuses. Marinesco est d'avis que la substance de Nissl est une matière à haute tension chimique, un capital d'énergie, indispensable à l'activité nerveuse. C'est par elle, écrit Marinesco, que la cellule nerveuse devient une source d'énergie, un condensateur, un régénérateur des phénomènes d'intégration ou de désintégration, des oxydations.

Scott exprime la même idée. Tous les auteurs sont

d'accord aussi sur ce que la substance chromatique nous révèle l'état de réparation organique de la cellule nerveuse, l'indice meilleur de son activité nutritive. Les expériences de Lugaro et de Marinesco sur la section des nerfs, nous démontrent, à l'appui de cette idée, que le signe le plus caractéristique de la réintégration organique de la cellule nerveuse après la section susdite est justement la réformation progressive de la substance chromatique, laquelle envahit graduellement tout le corps cellulaire. Si cette substance ne se réforme pas, la cellule est perdue définitivement, et on en observe l'atrophie, la complète dissolution. Nous pourrions en conclure donc que, tout vraisemblablement, la substance chromatique représente un produit spécifique du métabolisme de la cellule nerveuse, destiné à sa réintégration organique.

Pour mieux établir la signification biologique de la substance chromatophile, j'estime qu'il est bon de considérer l'analogie intime qu'elle présente avec le produit spécifique métabolique d'autres éléments cellulaires, tel que le glycogène, analogie à laquelle Marinesco aussi a fait vaguement allusion. La substance de Nissl et le glycogène se présentent sous forme de blocs, de granulations dans les éléments cellulaires respectifs. La substance chromatophile se dissout pendant l'activité de la cellule nerveuse, de même que le glycogène est consommé pendant l'activité musculaire. Les éléments de Nissl s'accumulent dans la cellule nerveuse pendant son repos cellulaire, ainsi que le glycogène dans la cellule musculaire, lorsque les muscles sont dans leur inactivité la plus absolue après la section des nerfs (Weiss, Max Donnel, Chandelon, Mauche, Krauss), ou dans la cellule hépatique, par suite de la section des nerfs et du vague (Vasoin).

L'asphyxie lente augmente la glycogénie (Morat, Dufour) de même que la chromatogénie (Mouriew). L'empoisonnement par le curare a les mêmes effets (Sfameni). L'inanition diminue le glycogène de la cellule hépatique et musculaire ainsi que la substance chromatique dans les cellules nerveuses (L. Daddi). La glycogénie est entravée par les grosses altérations dégénératives de la cellule hépatique, de même que la chromatolyse est un phénomène constant dans les affections dégénératives du cerveau (démence, paralysie progressive, infections graves, etc.).

La glycogénie est accompagnée d'une augmentation de la température hépatique [1], de la même manière que l'on observe une élévation de la température cérébrale précisément dans les conditions où l'on remarque la dissolution très active des éléments chromatophiles, par exemple, dans certaines intoxications, dans l'asphyxie, dans l'anémie expérimentale, etc. Mosso a été le premier à appeler l'attention sur ces élévations thermiques, qu'il appelle *conflagrations organiques*, en les référant à des processus chimiques métaboliques indépendamment de l'activité nerveuse et de l'activité circulatoire. Dans le cerveau, écrit cet éminent physiologiste, il y a des provisions d'énergie chimique que les cellules nerveuses consomment, produisant de la chaleur, sans que cette énergie se manifeste dans la fonction spécifique du cerveau. L'hypothèse que ces élévations thermiques sont secondaires à la dissolution des corpuscules chromatiques, s'accorderait au juste avec l'idée de Marinesco, qui considère ces éléments comme une substance à haute tension chimique, une source d'énergie. La désintégration des éléments chromatophiles, dit-il, s'accompagne de phénomènes d'oxydation, de dédoublement. Nous ne devons donc pas nous étonner lorsque leur dissolution détermine une élévation de la température cérébrale parfaitement

---

1. Cavazzani a signalé une élévation de la température hépatique dans toutes les conditions expérimentales où se produit une augmentation de la glycogénie, par exemple dans l'asphyxie, dans la paralysie cardiaque. Après que la circulation est interrompue, écrit Cavazzani, tandis que tous les autres organes se refroidissent plus ou moins rapidement, le foie présente une formation plus active du glycogène et une élévation post-mortelle de la température d'un demi-degré et même davantage, qui se prolonge pendant dix à vingt minutes. Cette élévation post-mortelle, par contre, ne s'observe pas chez les sujets à jeun et fort dépéris, la formation du glycogène étant alors très limitée.

analogue à celle que l'on observe dans la glycogénie par la dissolution du glycogène. Il est notoire d'ailleurs que l'activité des centres nerveux, caractérisée par la désintégration de la substance chromatique, provoque une augmentation plus ou moins considérable de la température cérébrale. tandis que le sommeil, pendant lequel les cellules corticales sont très vraisemblablement dans le repos le plus absolu, dénote, selon les expériences de Mosso, un abaissement thermique graduel qui touche à son maximum quand le sommeil devient plus profond.

2º La substance chromatique considérée comme produit de sécrétion interne de la cellule nerveuse.

L'analogie entre la chromatogénie et la glycogénie éclaire aussi le processus de formation de la substance chromatique. Celle-ci représente, comme nous l'avons déjà dit, un produit spécifique de l'activité catabolique de la cellule nerveuse, de même que le glycogène se forme, en plus grande partie, dans les cellules hépatiques et musculaires par un processus chimique synthétique opéré par leur activité métabolique. Or, ces processus de synthèse chimique par lesquels s'élaborent des substances qui n'existaient pas auparavant dans la cellule, sont considérés généralement comme processus de sécrétion interne.

« L'élaboration, au sein du protoplasme, — écrit Ranvier, « — d'une substance définie, l'acte énergique par lequel « la cellule glandulaire forme dans son sein, par transfor- « mation chimique ou physique de certaines parties de son « protoplasme, les produits qui doivent être déversés au « dehors, c'est l'acte essentiel, le véritable acte de sécré- « tion ». Giglio Tos appelle l'élaboration de ces produits *des différenciations histologiques.* Toute différenciation histologique, écrit l'illustre pathologiste italien, se réduit à la sécrétion, de la part du protoplasme, d'une substance déterminée, possédant des propriétés spéciales qui caractéri-

sent précisément la différenciation, par exemple : l'histo
genèse glandulaire, l'histogenèse des cellules adipeuses.
connectivales, musculaires et nerveuses. L'amidon et les
substances amyloïdes sont des produits de sécrétion, formés par une sécrétion assimilatrice dans les biomolécules
(fonction amylogène).

Le glycose est considéré par tous les physiologistes,
d'après les études mémorables de Cl. Bernard, comme un
produit de sécrétion interne de la cellule hépatique et musculaire, de même que la graisse est sécrétée par la cellule
adipeuse et par d'autres éléments cellulaires. Luciani
aussi, dans son excellent traité de physiologie, place dans
le chapitre des sécrétions internes restauratrices, la glycogenèse, l'adipogenèse et l'albuminogenèse. La glycogenèse
hépatique, écrit-il, est accompagnée de phénomènes qui
ressemblent beaucoup à ceux que l'on observe pendant la
sécrétion d'autres organes glandulaires. Les cellules hépatiques emmagasinent le sucre sous forme de glycogène,
de même que les cellules adipeuses accumulent la graisse ;
elles ont la propriété de former ces substances aux dépens
d'autres matériaux, en vertu de leur activité spécifique. Les
mêmes considérations que nous venons de faire pour la formation du glycogène, de la graisse et de l'amidon, peuvent également se faire pour l'élaboration de la substance
de Nissl. Il est incontestable que cette substance est un
produit spécifique de la cellule nerveuse, se formant par
un processus de synthèse chimique (Marinesco), de différenciation histologique (Levi), c'est-à-dire par un processus parfaitement analogue à celui qui règle la glycogénie,
l'adipogénie et l'albuminogénie. Or, du moment que ces
processus sont, à juste titre, considérés comme fonctions
de sécrétion interne, la même conclusion doit être faite pour
la chromatogénie. Cette fonction, en effet, se comporte vis-
à-vis des intoxications comme d'autres activités sécrétoires. De même que les cellules glandulaires réagissent d'ordinaire aux substances toxiques et s'épuisent ensuite plus
ou moins rapidement selon la gravité de l'intoxication, de
même les éléments chromatophiles révèlent très souvent,

même dans les intoxications les plus graves [1], d'abord une augmentation de volume, une surcoloration, ensuite leur destruction.

L'idée, d'ailleurs, que les éléments nerveux sont doués d'une sécrétion, n'est pas nouvelle. Nissl écrit que l'idée de cellule nerveuse est bien moins définie que celle de cellule sécrétoire : les cellules nerveuses réagissent d'une façon spécifique à certains poisons ainsi que les cellules sécrétoires. Prenant écrit: « Or qu'est-ce que la cellule ner- « veuse, sinon un élément glandulaire? On aura beau se « montrer dédaigneux à l'égard de ces formules. Dans cette « cellule glandulaire comme dans toute autre et mieux même « que dans toute autre, la différenciation chimique du pro- « toplasme supérieur en ergastoplasme est la condition pre- « mière de son action sécrétoire. » Schiefferdecker admet que les cellules nerveuses très différenciées, pendant leur activité nutritive de même que dans leur activité spécifique, éliminent des véritables produits de sécrétion interne, qui parviennent dans le sang par les vaisseaux lymphatiques. Les substances trophiques sécrétées pendant l'activité nutritive auraient une action inhibitrice, une action d'arrêt sur l'excitabilité de la cellule, tandis que les produits des échanges éliminés pendant l'activité spécifique exerceraient une action excitante. Scott aussi n'hésite pas à appeler la cellule nerveuse « une véritable *cellule glandulaire* », car elle sécrète une substance formée primitivement dans le noyau et dans les corps de Nissl. Ramon y Cajal aussi affirme

---

1. Nissl, au début de l'empoisonnement du phosphore, a observé une tuméfaction des corpuscules chromatiques et ensuite la chromatolyse. Goldscheider et Flatau ont constaté par les toxines tétaniques, d'abord l'agrandissement des granulations de Nissl, leur tuméfaction et quelque temps après leur dissolution. La chromatolyse manque si l'on emploie des solutions faibles, ou encore si l'on fait des injections d'antitoxine à dose suffisante. De Buck et De Moor ont remarqué aussi, dans le premier stade de l'intoxication tétanique, l'état chromophilique du protoplasme et du noyau. Ossipoff, dans l'intoxication botulique, a observé dans la première phase la tuméfaction des éléments chromatiques, pendant la phase suivante leur désagrégation.

que la substance chromatique est une inclusion basophile *sécrétée* par la cellule.

L'affirmation enfin que la cellule nerveuse accomplit un processus important de sécrétion, répond aussi aux notions histologiques que l'on a sur ces éléments cellulaires. Nous avons déjà vu l'analogie qu'il y a entre la substance chromatique et le glycogène : ces deux substances prennent la même forme dans les éléments cellulaires respectifs. La cellule nerveuse présente les granulations basophiles et acidophiles correspondantes aux plasmosomes d'Arnold d'autres cellules glandulaires. Benda et Guerrini ont remarqué précisément l'analogie des granulations de Nissl avec les plasmosomes des cellules hypophysaires. Le réseau interne, décrit par Golgi, a été observé aussi dans d'autres cellules sécrétoires, comme les cellules épithéliales de l'intestin (Ramon y Cajal) et les cellules hépatiques (Stropeni). Le système de canalicules, le trophospongium de Holmgren n'est pas spécifique de la cellule nerveuse, mais il a été observé aussi par Holmgren lui-même dans les cellules pancréatiques et dans les cellules thyroïdiennes (Negri). L'on remarque, en effet, que la grandeur et la dilatation des canalicules de Holmgren sont en relation intime avec la sécrétion des cellules nerveuses, c'est-à-dire avec la substance chromatique (Bethe). Tschassownikoff admet que la substance de Nissl contribue à la formation de ces canalicules. Ils sont de fait plus abondants et plus larges dans les régions où il y a plus d'éléments chromatophiles, à savoir près du noyau ou à la périphérie. L'importance du noyau dans les cellules nerveuses répond enfin à celle que l'on confère, d'après les études de Corti, Tranbusti, Pirrone, Ducceschi, aux phénomènes de sécrétion. L'état de réintégration organique de la cellule nerveuse, caractérisée par la sécrétion des éléments chromatophiles, peut seulement subsister s'il y a la parfaite intégrité fonctionnelle du noyau.

Le nucléole aussi démontre la présence de vacuoles (Cajal, Levi, Marinesco), qui révèlent clairement leur fonction sécrétoire.

Il nous est donc permis de conclure que la cellule nerveuse accomplit une importante fonction sécrétoire, caractérisée par l'élaboration de la substance chromatique. La chromatogénie doit être regardée, à mon avis, comme un processus de sécrétion interne restauratrice, parfaitement analogue à la glycogénie, à l'adipogénie et à l'amidogénie. De même que le glycogène, l'amidon et la graisse représentent des matériaux de réserve des éléments cellulaires respectifs, de même la substance chromatique est considérée, d'après la plupart des auteurs, comme une matière de réserve de la cellule nerveuse, servant à sa réintégration organique. La substance chromatique s'accumule dans l'élément nerveux pendant son repos fonctionnel, par le même mécanisme probablement qui détermine l'accumulation du glycogène dans les cellules musculaires rendues inactives par la section des nerfs ou dans les cellules hépatiques après la suspension de l'innervation et de la circulation.

§ 2. — Le rôle du processus chromatogénique dans le sommeil ; son importance dans le mécanisme de l'acte hypnique.

Ces données, j'en suis convaincu, ont une importance fondamentale dans le problème du sommeil, car, si ce phénomène représente l'état de véritable repos et de réparation organique des cellules nerveuses, et si ce repos, si ce processus de réparation organique sont caractérisés par l'accumulation de la substance chromatique, il est, à mon avis, très logique d'en inférer que, pendant le sommeil, la substance susdite s'accumule dans la cellule nerveuse.

Recherches personnelles. — J'ai examiné avec la méthode de Nissl, modifiée (fixation des morceaux dans le sublimé, coloration avec une solution de bleu de toluidine 1/2 gr. pour 100), le cerveau d'un nombre considérable de poulets[1],

1. J'ai choisi comme objet de mes expériences les poulets, non seulement par la considération que, différemment d'autres animaux

que j'ai tués pendant le sommeil ; j'ai pu constater que les cellules corticales dans le sommeil présentent une affinité très remarquable pour la substance basique. Malheureusement, les cellules corticales des poulets ne sont pas suffisamment grandes pour y distingüer nettement les petites granulations de Nissl. Étant donné, pourtant, la grande affinité de ces éléments pour les substances basiques d'aniline (bleu de méthylène, bleu de toluidine, thionine, etc.), il est très légitime d'admettre que la vive coloration que les cellules corticales présentent pendant le sommeil est particulièrement due à l'accumulation des éléments chromatophiles dans le protoplasme. J'ai remarqué aussi que le nucléole apparaît généralement bien coloré et distinct dans les cellules révélant une plus grande densité chromatique.

Mes expériences s'accordent avec les observations expérimentales de Tschassownikoff, qui a examiné les cellules des ganglions spinaux pendant le sommeil et à l'état normal. En état de repos, d'après cet auteur, il existerait dans les cellules nerveuses un ou plusieurs amas de granulations bien colorées, situés dans les couches claires correspondant aux faisceaux fibrillaires : pendant l'activité, ces granulations subissent un processus de fluidification et forment des canalicules qui débouchent à la périphérie. Odier a remarqué que les prolongements protoplasmiques des cellules épinières sont plus épandus et plus colorables pendant le sommeil chloroformique, morphinique que dans la veille. Lugaro affirme aussi que le sommeil est caractérisé par l'expansion des dentrites.

Le rapport intime existant entre la chromatogenèse et

(les chiens, les chats) qui s'endorment à tout moment, ils présentent un sommeil quotidien parfaitement semblable au nôtre, mais aussi particulièrement pour la facilité avec laquelle nous pouvons tuer très rapidement ces animaux, durant le sommeil, sans les réveiller. Je les surprenais avec toutes les précautions possibles pendant qu'ils dormaient depuis 1/2, 1 heure, et je leur coupais très rapidement la téte, sans qu'ils fissent le plus petit mouvement. J'enlevais alors tout de suite le cerveau antérieur et j'en plaçais des petits morceaux dans le fixatif.

le sommeil nous révèle que la condition tout particulièrement favorable à l'accumulation de la substance chromatique dans la cellule nerveuse, c'est précisément la même qui dispose le mieux au sommeil, à savoir *l'état de repos de la cellule nerveuse*. En effet, la substance chromatique s'accumule dans les éléments nerveux pendant leur inactivité fonctionnelle, de même qu'on obtient le sommeil d'autant plus facilement que les centres nerveux se trouvent dans un état de repos fonctionnel relatif et que les stimuli sensitifs qui excitent leur activité sont plus faibles. Le silence et l'obscurité sont très propres à engendrer le sommeil. Il ne nous serait pas possible de nous endormir si nous ne cherchions pas à nous désintéresser de la situation présente et obtenir ainsi le repos de nos centres psychiques. Le meilleur moyen de nous endormir est, sans doute, celui de ne penser à rien. Un léger degré d'anémie des centres nerveux [1], quoiqu'il ne parvienne pas à augmenter l'énergie de la fonction hypnique, représente incontestablement une des conditions les plus favorables pour obtenir le repos de la fonction psychique et le déclanchement du sommeil. Bon nombre d'individus au ton artériel très déprimé, les vieillards par exemple, s'endorment à chaque instant lorsqu'ils sont assis, tandis que cela leur est plus difficile, s'ils sont étendus sur le dos. Le sommeil, d'ailleurs, est d'autant plus difficile que l'excitabilité des centres nerveux est plus grande. Voilà pourquoi l'émotion est une des causes les plus fréquentes d'insomnie. Le repos

---

1. Il est notoire que, tout en provoquant, après quelques heures, les plus graves altérations cellulaires, telles que la chromatolyse, la destruction du noyau, etc., l'anémie expérimentale du cerveau ne détermine, dans une première période, aucune modification protoplasmique de la cellule nerveuse; l'on a pu observer parfois, pendant cette phase, une légère tuméfaction des éléments chromatophiles, un état de pycnomorphie, caractérisé par l'augmentation de la substance chromatique (Marinesco). Cette observation s'accorde avec celle de Jules Levi, qui a constaté que les cellules nerveuses, dans une première période après la mort, présentent une surcoloration, une hyperchromatogénie.

de la cellule nerveuse représente, par conséquent, la condition la plus favorable, soit pour le déclanchement du sommeil, soit pour l'accumulation de la substance de Nissl dans les éléments nerveux.

Étant donné les rapports entre la chromatogenèse et le sommeil, il y a lieu de se demander si l'accumulation de la substance chromatique dans la cellule nerveuse pendant son repos fonctionnel, ne peut pas éclaircir le mécanisme même de l'état hypnique siégeant, sans doute, dans l'élément nerveux. Une théorie rationnelle du sommeil doit aussi expliquer quelle est la cause déterminante, directe qui fait perdre rapidement aux cellules nerveuses leur énergie spécifique. La plupart des physiologistes ont l'intuition que cette cause consiste dans une modification de l'état de nutrition et du métabolisme des éléments nerveux, dans une modification chimique de ces éléments (Bradbury). L'on ne saurait, en effet, mettre en doute la grande influence qu'exercent les substances chimiques dans la détermination du sommeil. Il est certain qu'il ne nous serait pas possible d'éclaircir le mécanisme de ce phénomène sans recourir à l'aide de la chimie organique; c'est elle qui nous donne la clef de tous les phénomèmes métaboliques ou nourriciers se produisant dans notre organisme. La chimie organique, écrit Fischer, est indispensable à la biologie si elle veut étudier le mécanisme complexe des réactions qui constituent la vie animale et végétative. Quelle est, maintenant, la modification chimique qui fait perdre à la cellule nerveuse son activité psychique dans le sommeil? Nous nous demandons justement si cette modification ne peut être déterminée par le processus chromatogénique, quand il est très actif et que la substance chromatique s'accumule abondamment dans le protoplasme cellulaire. Il faut d'abord remarquer que l'élaboration des substances de réserve, parmi lesquelles sont compris les éléments chromatophiles, s'effectue par un processus de synthèse chimique, c'est-à-dire par un processus se joignant d'ordinaire à l'élimination d'eau, à la déshydratation de l'élément cellulaire où il a son siège : c'est précisément pour ce motif, que les substances formées par synthèse sont considérées comme des anhydrides. L'on sait également que les substances se formant par synthèse ou par la scission d'autres composés, telles que l'urée, diminuent la conductivité électrique des corps où le processus s'accomplit. Nous savons d'ailleurs que l'édification de tout matériel très complexe diminue le nombre des particules et baisse la pression osmotique. Or, du moment que les éléments chromatophiles sont constitués d'une substance très complexe et différenciée et se forment par un processus de synthèse chimique (Marinesco), il est à croire que leur élaboration se joigne à la déshydratation de la cellule nerveuse et à la diminution de sa conductivité électrique. Cette hypothèse est en quelque sorte confirmée par les observations expérimentales de Van Gehuchten, Marinesco et Foa, nous démontrant que l'état de réparation de la cellule nerveuse, caractérisé par la réformation active des corpuscules de Nissl, est accompagné d'une diminution très lente et progressive du volume cellulaire [1]. L'état pycnomorphe des éléments nerveux présente aussi une remarquable diminution de leur volume (Nissl), tandis que la dissolution de la substance chromatique, au cours de l'activité de la cellule nerveuse, se joint à l'augmentation de la pression osmotique et à l'accroissement du volume cellulaire. Renauld suppose que la désagrégation des corps de Nissl mette en liberté un certain nombre d'ions ou de molécules, ayant pour effet d'augmenter la tension interne de la cellule ; dès lors le protoplasme de celle-ci vient à avoir une tension supérieure à celle de la solution isotonique circulante, et on aura un courant d'endosmose et le gonflement de la cellule. Tout porte donc à admettre que, de même que l'accroissement de volume de la cellule nerveuse, pendant son activité, est dû très vraisemblablement à l'augmentation de sa pression osmotique, à son hydratation, de même la diminution de

---

1. Marinesco admet que la diminution de volume cellulaire qu'il a remarquée pendant la phase de réparation, est due à l'élimination de l'eau, à la déshydratation de la cellule nerveuse.

volume que la cellule présente dans son état de repos ou pycnomorphe, doit se rapporter à l'abaissement de la pression osmotique, à sa déshydratation.

L'on comprend aisément les conséquences de cette déshydratation ; tout le monde sait que l'eau est un élément indispensable à la fonction normale de tous les éléments cellulaires. Ducceschi a consacré un intéressant article à l'importance de l'eau pour l'activité nerveuse. Supprimez l'eau à un centre nerveux, à un nerf, et vous remarquerez que leur excitabilité disparaît rapidement. La déshydratation implique la diminution de l'oxygène qui est indispensable, d'après la théorie de Verworn, à l'excitabilité des molécules du biogène dont dépend notre activité nerveuse. L'anesthésie du froid, le sommeil des plantes, la léthargie des invertébrés sont liés intimement à l'anhydrobiose. La vie latente des infusoires, des Rotifères, des Tardigrades, dépend du desséchement. Le sommeil estival des gastéropodes, de la plupart des amphibies, des serpents, du poisson dormant des indigènes (lepidosiren) qui, pendant la moitié de l'année, reste à sec, se produit sous l'influence de la chaleur et de la sécheresse. L'importance de la déshydratation dans le mécanisme du sommeil est illustrée d'une manière toute spéciale par Devaux [1], qui admet que

---

1. Devaux. *Théorie osmotique du sommeil. Archives de médecine*, 1906-1907, n° 15. L'auteur soutient que la veille augmente le pouvoir osmotique des tissus en raison de leur activité fonctionnelle et provoque, au niveau des centres nerveux, une transsudation, un passage plus ou moins brusque, à travers les capillaires sanguins, d'une quantité importante d'eau qui viendrait satisfaire la soif croissante des tissus. Cette transsudation s'accompagnerait, d'après Devaux, d'une vaso-constriction réflexe des artérioles corticales précapillaires, laquelle permettrait une filtration des substances colloïdes et d'albumine, d'où l'action réparatrice du sommeil. La théorie de Devaux n'explique cependant pas d'une façon satisfaisante, le pourquoi de cette déshydratation. Si le sommeil est dû à l'avidité d'eau de l'organisme fatigué par la veille, pourquoi, pourrait-on se demander, nous est-il possible de nous endormir à tout moment de la journée, sans être fatigués ? et encore, pourquoi le sommeil fait-il défaut précisément, lorsque la fatigue est excessive, c'est-à-dire quand les tissus

le sommeil est dû à un trouble osmotique des centres nerveux, à leur déshydratation. Il est incontestable que la déshydratation des éléments nerveux peut provoquer la perte de leur excitabilité. Or, cette déshydratation, qu'il est mal aisé d'attribuer, dans le sommeil, à un fait toxique, à la fatigue de la veille, à un état œdémateux périphérique, ainsi que Devaux l'affirme, ne trouverait-elle pas sa meilleure explication dans l'idée qu'elle est due à un phénomène purement physiologique, à l'élaboration de la substance chromatique, à un processus de synthèse chimique, se joignant à la déshydratation de la cellule nerveuse ? Notre hypothèse se concilie non seulement avec les observations déjà citées de Renauld, nous démontrant l'influence des corpuscules de Nissl sur la pression osmotique de la cellule nerveuse, mais elle se concilierait aussi avec les conclusions de Leclerc du Sablon sur la vie latente des plantes. « C'est seulement dans le pouvoir osmotique des substances de réserve renfermées dans la cellule, — affirme-t-il, — qu'il faut chercher la cause de la faible hydratation des bulbes à l'état de repos. » Nous sommes de même convaincus que l'origine de la déshydratation des cellules nerveuses, produisant le sommeil, doit être recherchée dans les propriétés osmotiques de la substance chromatique, qui

devraient attirer la plus grande quantité d'eau des centres nerveux ? Cette théorie qui fait du sommeil un état négatif, presque passif du cerveau, ne nous donne et ne saurait nous donner aucune explication satisfaisante de l'influence qu'exercent les stimuli psychiques, la volonté, sur la détermination du sommeil : elle est ainsi exposée à toutes les objections que l'on a opposées, avec juste raison, aux théories toxiques. Devaux, à l'appui de son hypothèse, a récemment démontré la présence d'un état œdémateux très faible dans les membres, pendant le sommeil. Cette observation, à mon avis, aurait certainement la plus grande valeur, si l'œdème périphérique précédait, même de quelques instants, le sommeil ; dans ce cas seulement on pourrait supposer que le sommeil est secondaire à cet état œdémateux. Tout porte, au contraire, à admettre que l'œdème des membres, ainsi que celui des paupières, constitue une simple conséquence de l'acte hypnique, c'est-à-dire de la dépression vasculaire qu'on remarque dans le sommeil, et non la cause de ce phénomène.

représente une substance de réserve parfaitement analogue à l'amidon, à la dextrine des cellules végétales.

La chimie organique nous offre d'importantes notions sur les propriétés chimico-physiques de ces substances de réserve. Leur formation, écrit Stodel, est expliquée par la connaissance des propriétés des solutions colloïdales. Tous les albuminoïdes, tous les liquides organiques, toutes les réserves ternaires se présentent à l'état de suspensions colloïdales. La substance chromatique aussi, étant constituée d'une substance nucléoprotéide (Scott, Mott), doit être regardée comme un complexe colloïdal d'albumine (Mayer). Rappelons maintenant les propriétés chimico-physiques des colloïdes : ce sont des substances à pression osmotique presque nulle, ne permettant pas le passage du courant électrique. La conductivité électrique des solutions colloïdales, dépendant de la quantité d'électrolytes contenue dans le liquide intergranulaire et étant en rapport avec leur dissociation, est, en conséquence, d'autant plus faible que leur concentration moléculaire est plus grande. Les colloïdes, que Hamburger considère comme les agents de la déshydratation, doivent précisément leur incapacité à transmettre les stimuli électriques à leur manque d'eau et d'électrolytes, c'est-à-dire à leur concentration moléculaire. Or, comme nous avons vu, les éléments de Nissl représentent exactement une substance colloïde à grosses molécules et douée, par suite, de toutes les propriétés caractérisant ces moules chimiques, c'est-à-dire une substance à pression osmotique presque nulle et incapable de transmettre la vibration électrique. Rien ne nous empêche alors de supposer que lorsque ces éléments s'accumulent en grande quantité dans le protoplasme des cellules nerveuses et ne sont pas dissous, ils puissent non seulement empêcher le passage des stimuli électriques, mais constituer aussi un obstacle à la transmission des stimuli nerveux. Je suis bien loin d'admettre que la vibration électrique et la vibration nerveuse soient identiques. Cette dernière a des propriétés toutes spéciales que l'on n'observe guère dans la vibration électrique ; mais il est quand même

certain que la vibration nerveuse se joint à des phénomènes
électriques et se transmet à l'instar de la vibration électrique. Si l'on place deux réofores, l'un à la surface du nerf
et l'autre à sa section, l'on aperçoit, à l'instant où la vibration nerveuse passe, une variation négative, une tension
électrique, dont la vitesse est exactement la même que
celle de la vibration nerveuse. Caton, Sybulscki, Beck et
Fleisch ont remarqué des phénomènes électriques dans le
cerveau. Il a été aussi démontré par Jung et Peterson, par
Jung et Prince que les processus conscients et inconscients se joignent à des phénomènes électriques parfaitement déchiffrables, lorsqu'on place un galvanomètre dans
le même circuit du sujet pensant. L'hypothèse que la
vibration nerveuse est un phénomène électrique, écrit
Richet, est très admissible si l'on reconnaît que ce phénomène ressemble aux actions électrolytiques. L'activité
fonctionnelle du système nerveux ne représente, en dernier lieu, de même que l'activité électrolytique, qu'une
transformation d'énergie produite par des activités chimiques. L'excitabilité nerveuse, écrit Mendelsohn, est un
travail électro-chimique bien déterminé et qui est dû à
l'activité des ions transportant les charges d'électricité
positive ou négative. Lodge fait remarquer aussi l'analogie frappante entre les phénomènes d'électro-chimie
physiologique et les phénomènes d'influx nerveux. On
observe effectivement que la conduction nerveuse et la
propagation de l'énergie électrique se transmettent selon
la loi d'Ohm. La gaine de myéline est comparée à une
bourre isolante ; la gaine de Schwan à une enveloppe protectrice. Le cylindraxe est un fil conducteur ainsi que les
élégants réseaux de fibrilles nerveuses que l'on compare,
avec raison, à de mignons petits appareils d'induction ;
l'induction se fait de fibrille en fibrille selon la théorie bien
connue d'Engelmann, comme dans le système musculaire.

Le phénomène de la conduction nerveuse, écrit Bottazzi,
exige le concours des actions ioniques, et celles-ci agissent
selon leurs charges électriques. Le fait que l'énergie nerveuse provoque une très faible calorification dans les cen-

tres nerveux [1] est parfaitement analogue à ce que l'on remarque à propos de l'énergie électrique, laquelle, nous le savons, se transforme bien plus en action mécanique qu'en action thermique. L'hypothèse que la vibration nerveuse est de nature électrique, est enfin confirmée par le fait que la suspension de l'activité nerveuse empêche la transmission des stimuli électriques. Les anesthésiques, les opiats non seulement affaiblissent l'énergie psychique, mais ils empêchent aussi la transmission des courants électriques. L'animal endormi expérimentalement par le chloroforme peut supporter des courants qui le foudroieraient certainement à l'état de veille (Jellaneck). Mosso a remarqué aussi que sur le cerveau d'un animal endormi par le laudanum, les courants électriques sont moins efficaces. La narcose des nerfs rend ceux-ci plus épuisables aux courants électriques; les narcotiques diminuent aussi la force électromotrice de la peau (Baglioni). Les hypnotiques exercent également une influence considérable sur la conductibilité du cerveau (Pitini). Nous pouvons donc affirmer avec certitude que la vibration nerveuse se produit d'une façon parfaitement analogue à la vibration électrique; les causes qui affaiblissent la conductivité électrique des éléments nerveux, ont aussi la capacité d'affaiblir la transmission de la vibration nerveuse : de même, les causes qui arrêtent la conductivité psychique, empêchent également celle électrique. Or, il est incontestable que ces considérations éclairent beaucoup le méca-

1. Nous savons que l'acte psychique peut s'effectuer sans que l'élévation de la température cérébrale arrive à la millième partie d'un degré. Mosso a remarqué, en outre, que le réveil, c'est-à-dire le retour de l'activité mentale, ne s'accompagne pas toujours de l'élévation de la courbe thermométrique. Ces observations ne doivent cependant nous mener à la conclusion que quelques auteurs en ont tirée, à savoir que le cerveau pensant n'est pas, au cours de la veille, le siège d'un véritable travail; il nous paraît plus logique d'admettre que ce travail existe réellement, mais qu'il est doué de propriétés spéciales impliquant une production calorifique très légère. L'hypothèse de la nature électrique de ce travail répond parfaitement à cette propriété.

nisme d'action de la substance chromatique, en ce qui concerne ses propriétés conductrices. Tout, en effet, porte à croire que cette substance nucléo-protéide, lorsqu'elle n'est pas dissoute dans le protoplasme, à cause de son état colloïdal, non seulement ne transmette presque pas la vibration électrique, mais qu'elle constitue aussi un obstacle à la conductivité nerveuse et psychique. Cette hypothèse répond précisément à l'opinion de la plupart des neurologistes, qui admettent que la substance chromatique représente une matière isolante et dépourvue de toute propriété conductrice, tandis que la substance achromatique de la cellule nerveuse, formée par le cylindraxe et par le réseau des fibrilles, aurait la fonction de transmettre l'énergie nerveuse. L'observation expérimentale nous démontre, en effet, que l'activité de la cellule nerveuse est en rapport direct avec la dissolution de la substance de Nissl, laquelle s'accumule, au contraire, dans le protoplasme pendant son repos fonctionnel [1]. L'idée, enfin, que l'accumulation de cette substance exerce une influence considérable sur la conductivité de la cellule nerveuse, trouve presque sa meilleure démonstration dans la disposition anatomique des granulations chromatophiles dans le protoplasme de la cellule nerveuse; elles sont, en

---

1. L'idée que les éléments chromatophiles de Nissl constituent une substance isolante pour les cellules nerveuses, n'est pas en contradiction avec l'hypothèse de Marinesco et d'autres auteurs disant que ces éléments jouent un rôle important dans la fonction nerveuse. En effet, ce qui, d'après Marinesco, produit l'augmentation d'énergie potentielle dans la cellule nerveuse, n'est pas autant la présence des éléments chromatophiles dans le protoplasme, que les changements chimiques que ces éléments subissent par le passage de l'onde nerveuse. Ce n'est que leur ébranlement, et peut-être leur dissolution, qui fait que ces éléments représentent une substance à haute tension chimique, une source d'énergie. Les cellules nerveuses, en effet, ne témoignent aucune énergie spécifique pendant leur repos fonctionnel, quoiqu'elles soient très riches en substance chromatique. Il est donc permis de supposer que les éléments de Nissl, lorsqu'ils ne sont pas dissous, constituent une substance isolante pour la conduction nerveuse, tandis que leur dissolution est en rapport avec l'activité.

effet, si étroitement liées au réseau formé par les fibrilles endocellulaires, que ce réseau constitue, écrit Van Gehuchten, presque la charpente de l'élément chromatophile. Rien de plus probable, par conséquent, que la substance chromatique, lorsqu'elle s'accumule en grande quantité dans les anneaux de ce réseau et dans les prolongements protoplasmiques, constitue un obstacle à leur conductivité. Les fibrilles, à cause de leur finesse et de leur délicatesse extrême, seront les premières à ressentir les conséquences de la déshydratation dépendant de la formation de la substance chromatique, et perdront rapidement leur excitabilité. La substance chromatique répondrait ainsi au produit trophique de sécrétion interne de la cellule nerveuse, admis par Schiefferdecker, ayant une action inhibitrice sur son excitabilité. Si nous supposons maintenant que l'accumulation des éléments de Nissl se produise dans les grandes cellules corticales, dans les cellules que Ramon y Cajal appelle *cellules psychiques ou de la pensée*, l'on comprend aisément qu'il s'ensuive un obstacle dans la transmission des stimuli psychiques, la perte de l'attention et de la conscience, l'état du sommeil.

Le sommeil représente précisément l'état de la cellule nerveuse, dans lequel celle-ci, par sa sécrétion interne restauratrice, suspend la vie de relation, en s'isolant complètement du monde extérieur. Cet état de la cellule nerveuse est en quelque sorte analogue à celui que Cavara a observé chez quelques organismes inférieurs, lesquels, lorsque les circonstances extérieures ne sont plus favorables à la vie, sécrètent une substance ayant la forme d'une membrane imperméable, dans laquelle ces organismes se logent, en s'isolant ainsi de l'ambiant extérieur. Un phénomène analogue se produit aussi dans les organismes plus élevés, dans les spores de maints organismes unicellulaires qui passent à l'état de vie latente les périodes incompatibles avec leur vie libre. Il est très probable, écrit Bottazzi, que même les animaux et les plantes aquatiques emploient un mécanisme analogue pour s'isoler de l'ambiant extérieur, en sécrétant sur les membranes de sé-

paration quelque substance qui les rend imperméables à
l'eau et aux substances dissoutes. Si le moyen le plus
adapté aux organismes cellulaires pour s'isoler de l'ambiant
extérieur est donc un processus de sécrétion interne, il ne
faut pas non plus s'étonner, si, par le même mécanisme,
les cellules nerveuses entrent dans leur état d'isolement,
à savoir dans l'état de sommeil. Nous avons vu, en effet,
pendant le repos s'accumuler, dans la cellule nerveuse, la
substance chromatique, c'est-à-dire un produit de sécrétion interne, qui représente non seulement une matière isolante pour la conduction nerveuse, mais aussi une substance
de réserve nécessaire à la réparation organique de l'élément
cellulaire. Le repos hypnique serait dû à la formation et à
l'accumulation de cette substance de réserve dans la cellule nerveuse, de même que la vie ralentie des plantes coïncide, d'après les études de Leclerc du Sablon, avec le maximum d'élaboration de leurs substances de réserve, de l'amidon, de la dextrine et du saccharose. Ces substances constituent le seul aliment que les plantes ont à leur disposition
pendant la période de vie latente, de la même manière que
la substance chromatique représente, très probablement,
un véritable aliment de réserve pour l'élément nerveux
pendant son repos fonctionnel. Nous devons ainsi présumer que pendant le sommeil, la cellule nerveuse, à cause
de la diminution de la pression osmotique, qui est en rapport avec le degré de son activité fonctionnelle, ne pouvant pas absorber de la lymphe péricellulaire les matériaux
nécessaires à sa nutrition, ait recours aux substances de réserve accumulées dans son protoplasme et les assimile par
un processus de digestion intracellulaire. L'élaboration des
substances de réserve, écrit Verworn, ne s'effectue pas
d'une façon continue, mais seulement selon le besoin,
c'est-à-dire lorsque la cellule ne peut plus disposer des
matériaux de nutrition qui lui parviennent du dehors. Verworn admet aussi que l'élaboration des substances de réserve, y compris les corps de Nissl, appartient en grande
partie aux enzymes intracellulaires. Ce processus de fer-
mentation, pendant le sommeil, se concilierait peut-être

avec les observations de Mosso qui, pendant ce phénomène, a remarqué plusieurs fois des élévations inexplicables de la température cérébrale, indépendantes de toute activité psychique ou motrice. Si l'on considère, en outre, que les éléments chromatophiles sont formés très probablement d'une substance nucléo-protéide, l'on conçoit que leur assimilation serve à réparer les pertes d'azote et de phosphore que la cellule corticale a subies au cours de la veille, et que cette substance constitue la matière la plus propre à sa réintégration organique. Nous parviendrons à éclaircir, de cette façon, non seulement l'action réparatrice spécifique du sommeil; mais aussi le rapport intime et direct qui existe entre cette action trophique et la profondeur du sommeil, car il est notoire que le sommeil est, pour les centres nerveux, d'autant plus réparateur qu'il est plus profond. Or, ce rapport ne saurait être éclairci qu'en invoquant un facteur qui détermine la dépression de l'activité psychique, tout en exerçant une action trophique restauratrice sur les éléments nerveux. La substance chromatique répond exactement à ces propriétés, car, lorsqu'elle s'accumule dans le protoplasme de la cellule nerveuse, elle constitue, très probablement, non seulement un obstacle à la transmission de la vibration nerveuse, mais aussi une matière de nutrition et de réparation de la cellule même.

Notre conception répond aussi à une des règles les plus fondamentales de la biologie exigeant, avec juste raison, que l'on considère le sommeil comme le résultat d'une activité positive, d'une fonction, et non comme un état négatif, passif des centres nerveux. Or, il est incontestable que la chromatogenèse ne représente pas le simple emmagasinement d'une substance nucléo-protéide dans la cellule nerveuse, c'est-à-dire un phénomène passif, mais au contraire un processus de synthèse chimique, dû à l'activité métabolique de la cellule nerveuse, un processus de sécrétion interne parfaitement analogue à la glycogenèse et à l'adipogenèse. Il nous faut donc admettre que les cellules nerveuses possèdent une énergie sécrétoire spécifique, de même que nous ne saurions concevoir le mécanisme de la glycogenèse et de l'adipogenèse sans tenir compte de l'énergie sécrétoire propre aux cellules hépatiques et adipeuses. Le sommeil, selon ma conviction, est précisément l'expression de l'énergie sécrétoire des cellules nerveuses; la courbe hypnique représente la courbe de leur travail fonctionnel, qui a besoin d'un certain temps pour s'effectuer dans sa forme la plus complète et qui diminue lentement lorsque la cellule se fatigue dans son activité sécrétoire. En fait, nous nous réveillons spontanément ou par les stimuli les plus faibles, quand nous sommes fatigués de dormir. Il est évident, par conséquent, que le sommeil exige, comme condition fondamentale de sa détermination, l'activité métabolique normale des cellules nerveuses, et qu'il fasse défaut dans toutes les altérations trophiques et dans les intoxications les plus graves des centres nerveux.

La thèse que le sommeil est le résultat d'un processus de sécrétion interne restauratrice de la cellule nerveuse, éclaircit enfin les rapports intimes que nous avons déjà décrits entre le sommeil et la fonction des glandes à sécrétion interne (hypophyse, thyroïde, ovaires, plexus choroïdes, etc.). Ces rapports ne sont certes pas casuels et présentent une stricte analogie avec ceux qu'on observe entre la fonction des glandes susdites et la glycogénie, l'adipogénie, c'est-à-dire des processus à sécrétion interne restauratrice, parfaitement similaires à la chromatogénie. Tout le monde connaît, en effet, l'influence de la sécrétion interne pancréatique sur la glycogénie. Les extraits thyroïdiens aussi modifient la fonction glycogénique (Lorand); on observe très fréquemment la glycosurie dans l'hyperthyroïdisation expérimentale, dans le goitre exophtalmique, etc. Les travaux de Marinesco, Achard, Loeper, Ravaut, Launois et Roy, Debove, établissent aussi l'existence d'un diabète hypophysaire: les extraits hypophysaires détermineraient, d'après Borchardt, la glycosurie. On ne peut non plus douter de l'importance extraordinaire de la thyroïde, de l'hypophyse, de la glande pinéale dans la fonction adipogénique. Cette importance est bien établie par les cas d'obésité progressive dus aux affections hypophysaires, thyroïdiennes ou de la glande pinéale, par l'amaigrissement qu'on observe dans l'hypersécrétion de la thyroïde, dans l'atrophie hypophysaire, etc. Les relations entre la fonction des glandes à sécrétion interne et la formation des substances de réserve (glycogène, graisse) sont donc tellement intimes que nous devrions certainement nous étonner qu'il n'existe pas aussi un rapport de ces glandes avec la chromatogénie, qui consiste également en un processus de sécrétion interne, et par suite avec le sommeil. Nous examinerons dans le chapitre suivant le rôle que ces importants organes à sécrétion interne exercent sur le sommeil. Ce n'est qu'après l'étude de ces organes que nous pourrons tâcher d'expliquer le mécanisme si complexe de la fonction hypnique.

CHAPITRE VI

LE ROLE DES GLANDES A SÉCRÉTION INTERNE, DE L'HYPOPHYSE DANS LE SOMMEIL.

§ 1. — Importance des organes à sécrétion interne dans la fonction hypnique.

L'importance des organes à sécrétion interne dans le métabolisme est bien établie depuis les études de Claude Bernard et de Brown-Séquard (1889). Le métabolisme organique, écrit Bottazzi, subsiste seulement en tant qu'il y a l'intégrité et le fonctionnement normal de ces organes sécrétoires; leurs altérations fonctionnelles se manifestent par les troubles les plus graves de la nutrition. On admet aujourd'hui que les glandes susdites fabriquent certains produits chimiques qu'elles déversent dans le sang par sécrétion interne. Ces produits rentrent dans la catégorie des *hormones* (de ορνυω $=$ j'excite) de Starling, c'est-à-dire dans la catégorie de ces substances chimiques qui, transportées par le torrent circulatoire, vont exciter l'activité d'autres organes plus ou moins éloignés. La plupart de ces glandes à sécrétion interne exercent aussi une action antitoxique très remarquable; on connaît bien les propriétés antitoxiques de la glande thyroïde, des glandes parathyroïdes, de l'hypophyse, des plexus choroïdes, etc. Ces glandes constituent certainement l'appareil défensif le plus efficace que notre organisme oppose aux intoxications du métabolisme. Leur insuffisance fonctionnelle se révèle, en effet, par des phénomènes toxiques, par les altérations les plus graves de nos tissus. L'importance de ces glandes

est aussi fondamentale pour la nutrition des centres nerveux, car, si leur fonction n'était pas normale, les centres
susdits seraient atteints certainement par les déchets toxiques du métabolisme, et on aurait, par conséquent, leur
perturbation fonctionnelle. Il suffit, pour s'en convaincre,
de nous rappeler la dépression psychique des myxœdémateux, l'agitation, l'insomnie des basedowiens, les troubles
psychiques des affections hypophysaires, les convulsions
tétaniques dues aux altérations parathyroïdiennes. Or, si
le sommeil est un phénomène de nutrition des cellules nerveuses, et s'il demande la parfaite intégrité fonctionnelle
de ces éléments, on comprendra tout de suite l'importance
que possèdent les glandes à sécrétion interne dans ce phénomène, et on ne s'étonnera pas si les troubles hypniques
sont observés avec une fréquence toute particulière, dans
leurs affections.

§ 2. — Le rôle de l'hypophyse dans
la fonction hypnique.

Les rapports spéciaux entre les modifications du sommeil
et les altérations de l'hypophyse trouvent ici leur plus complète explication. Nous avons démontré que les troubles
hypniques constituent un des symptômes les plus fréquents
et les plus caractéristiques non seulement des tumeurs hypophysaires, mais aussi de toutes les conditions physiologiques ou morbides qui d'ordinaire se joignent à une modification fonctionnelle de l'hypophyse. Les relations entre
cette glande et la fonction hypophysaire sont tellement
intimes qu'il ne paraîtra point illogique que l'on se pose
la question, si cette glande importante, qui révèle si souvent une véritable synergie avec le sommeil, n'a pas une
importance spéciale pour cette fonction. L'on peut supposer maintenant que le sommeil, s'il représente une fonction essentiellement végétative, une fonction de sécrétion
interne de la cellule nerveuse, est présidé très probablement par un organe à fonction végétative et particulière-

ment par une glande à sécrétion interne. Cette hypothèse
répond exactement à ce que nous avons observé dans l'étude
de la léthargie hibernale et de l'état de chrysalide. Il est
incontestable que ces phénomènes sont constitués par des
actes essentiellement végétatifs et qu'ils présentent le plus
intime rapport avec la fonction d'organes spéciaux à sécrétion interne, tels que la glande hibernale et le corps
adipeux. La perte de l'énergie nerveuse dans ces phénomènes coïncide, sans doute, avec l'activité fonctionnelle
spéciale des organes susdits. Il est donc très vraisemblable
que le sommeil, qui révèle une analogie remarquable avec
la léthargie hibernale et l'état de nymphe, soit présidé également par un organe à sécrétion interne. Ce sont justement ces organes qui, par leurs « hormones », excitent nos
fonctions de nutrition, parmi lesquelles doit être, sans
doute, compris le sommeil. Or, l'hypophyse répond parfaitement à cette première condition, puisqu'elle est, sans contredit, une des plus importantes glandes à sécrétion interne
de notre organisme. Un autre facteur également en faveur
de l'importance de l'hypophyse, dans l'étude du sommeil,
c'est le siège de la glande à niveau des centres nerveux.
Si le sommeil, en effet, est un phénomène qui a son siège
dans les cellules corticales, l'on comprendra bien la valeur
que peut avoir un organe qui réside précisément dans la
boîte cranienne, tout près des centres nerveux les plus
essentiels.

A. — LE SIÈGE DE L'HYPOPHYSE CORRESPOND PRESQUE EXAC-
TEMENT A CELUI QUE L'ON INVOQUE COMME CENTRE DU
SOMMEIL.

Bon nombre d'observations cliniques et expérimentales
ont été citées afin d'établir le siège du centre du sommeil.
Brown-Séquard, ayant maintes fois remarqué, pendant le
sommeil, la congestion de la base encéphalique, de la
moelle allongée et de la moelle épinière, conclut que le
centre du sommeil doit se trouver à la base du cerveau. Il

y a là, affirme-t-il, une cause d'irritation qui contribue probablement à déterminer ou à faire durer le sommeil, mais qui n'en est pas la cause principale. Les expériences de Fleming et de Waller démontrent également que le sommeil peut provenir d'une irritation périphérique en dehors des hémisphères cérébraux, laquelle réside très probablement dans la base du cerveau.

Dubois, d'après ses expériences sur les marmottes, conclut que le centre du sommeil doit se trouver entre le cerveau antérieur et le bulbe. Une observation très importante citée récemment par Lesage et Abrami est certainement favorable à cette localisation. Ils ont cité vingt-cinq cas de méningite tuberculeuse, dans lesquels on remarquait, en absence des signes les plus communs de cette maladie, une somnolence continue, qui constitua le symptôme initial et le plus caractéristique de l'affection : dans tous ces vingt-cinq cas, l'autopsie révéla un foyer de méningite strictement localisé entre le *chiasma et le pont*. La somnolence, dans ces cas, constituait un *symptôme de foyer* propre à cette région.

Warlomont fixe le siège du sommeil dans le centre des nerfs oculomoteurs, en expliquant ainsi les phénomènes oculaires que l'on observe dans le sommeil, de même que la facilité avec laquelle on peut hypnotiser un sujet en lui faisant fixer un objet, etc. Dubois, Gayet, Wernicke, s'appuyant sur quelques cas cliniques, soutiennent que le centre du sommeil réside dans la substance grise du troisième ventricule et de l'aqueduc de Sylvius. Oppenheimer, Soca, Claparède semblent aussi partager cette opinion. Ce dernier auteur invoque un centre destiné à recueillir les stimulations venues par les divers canaux sensoriels, un centre dont l'excitation aurait pour effet, lorsqu'il serait irrité par les stimuli du sommeil, d'accroître les processus d'assimilation et d'inhiber les centres de tension mentale, d'intérêt.

Mme Voulfowitch, dans sa thèse sur la pathogénie du sommeil, cite un nombre considérable de tumeurs cérébrales accompagnées de somnolence, se bornant à admettre

que certains faits plaident en faveur de l'irritation d'un
centre hypothétique du sommeil, et que les tumeurs siégeant dans le voisinage de la base encéphalique provoquent le sommeil plus fréquemment que celles localisées
dans les autres régions cérébrales. Hercouet étudie, lui
aussi, les modifications hypniques dans les tumeurs du cerveau et conclut que le sommeil est un symptôme qui se
présente souvent dans les néoplasmes de l'encéphale, mais
que l'on remarque tout spécialement dans les sarcomes et
dans les tumeurs siégeant dans la base cérébrale. L'auteur,
frappé peut-être par la fréquence avec laquelle on observe
les troubles hypniques dans les tumeurs de l'hypophyse,
se demande, à la fin de sa thèse : *Ne faudrait-il pas rechercher la cause probable du sommeil dans l'existence d'un
centre du sommeil, siégeant dans la région hypophysaire ?*

A l'insu de cette thèse, j'ai publié, dans la même année,
un long mémoire sur les relations entre l'hypophyse et le
sommeil, en concluant que l'hypophyse préside à la fonction hypnique.

L'étude de la sensation du sommeil est également très
précieuse pour déterminer le siège du centre hypnique.
Cette sensation s'exprime par des signes très caractéristiques, dont les uns se rapportent à la dépression fonctionnelle des centres nerveux qui, les premiers, entrent dans
l'état de repos ou du sommeil, par exemple, la perte de
l'intérêt pour la situation présente, la diminution de l'attention, l'abaissement involontaire des paupières supérieures ; les autres présentent, par contre, un siège tout à fait
périphérique, comme si la cause, qui les a déterminés, ré-
sidait en dehors des centres nerveux. Ces derniers signes
consistent généralement dans une sensation de pesanteur
au front et aux yeux : nous éprouvons, avant le sommeil, la
sensation comme si un corps étranger se trouvait derrière
les globes oculaires. Cette sensation, qui est d'autant plus
remarquable que le besoin du sommeil est plus intense,
est d'ordinaire la première à se manifester comme la dernière à disparaître dans le sommeil : même après le réveil,
il reste pendant quelques minutes une torpeur des muscles

palpébraux, comme s'ils avaient dormi pareillement à notre cerveau. Or, il doit y avoir certainement une raison
pour laquelle cette sensation se localise aux muscles palpébraux et non à d'autres muscles qui sont également
dans le repos le plus absolu pendant le sommeil.

Il est aussi notoire que les plus graves troubles hypniques, l'insomnie prolongée et les frayeurs nocturnes, sont
souvent accompagnés d'hallucinations visives. Même pendant le demi-sommeil précédant l'acte hypnique, on observe
des hallucinations visives hypnagogiques qui disparaissent
au fur et à mesure que le sommeil devient plus profond.
Nul doute, par conséquent, que les centres oculaires ressentent particulièrement l'influence du sommeil, influence
qui trouve sa meilleure explication dans la proximité des
centres oculaires à l'organe présidant à la fonction hypnique.

Si nous voulons maintenant résumer toutes les données
cliniques et expérimentales servant à déterminer le siège
probable du centre du sommeil, nous pourrions en conclure
que l'organe qui préside à cette fonction se trouve vraisemblablement :

1° A la base du cerveau (Brown-Séquard) ;

2° Entre le cerveau antérieur et le bulbe (Dubois) ;

3° Entre le pont et le chiasma des nerfs optiques, près
des globes oculaires ;

4° Dans le voisinage de la substance grise du IIIe ventricule et de l'aqueduc de Sylvius (Gayet, Wernicke).

Or, il est incontestable que le siège de l'hypophyse répond à ces conditions ; cette glande, en effet, réside :

1° A la base du cerveau ;

2° Entre le cerveau antérieur et le bulbe ;

3° Entre le pont et le chiasma des nerfs optiques, près
des globes oculaires. L'hypophyse se trouve exactement
derrière le chiasma des nerfs optiques. Un des symptômes
initiaux de la tumeur hypophysaire est l'hémianopsie tempo-
rale, par la compression du chiasma. Les tumeurs de l'hypophyse engendrent très souvent la cécité. Les premiers
symptômes de l'accroissement glandulaire, pour faible qu'il

soit, sont les douleurs rétro-orbitaires, l'affaiblissement de la vue, l'exophtalmie. Dans le cas de tumeur hypophysaire de Rayer, le symptôme initial fut, d'après cet auteur, une sensation de pesanteur au front et aux globes oculaires ; le patient se frottait les yeux comme lorsqu'on se réveille. Erb, dans la description de son second cas d'acromégalie, a remarqué que le symptôme initial dû à la tumeur hypophysaire fut la sensation d'un corps étranger derrière les globes oculaires et de prurit aux yeux.

Les hallucinations visives sont aussi très fréquentes dans les tumeurs de l'hypophyse. Elles ont été signalées dans les cas décrits par Anderson, Gemelli, Jackson, Roscioli, dans la tumeur maligne d'Agostini, et ont constitué presque le seul symptôme dans le cas de Christian.

4° La glande pituitaire est immédiatement contiguë à la base du troisième ventricule, à tel point que son lobe nerveux se prolonge directement avec la substance grise du dit ventricule. Les tumeurs de l'hypophyse pénètrent ordinairement dans le troisième ventricule, de même que les tumeurs de cette région compriment l'hypophyse.

Ramon y Cajal (1894) a pu suivre des fibres nerveuses qui depuis le lobe nerveux de l'hypophyse se dirigent vers un amas de grosses cellules grises, lesquelles, derrière le chiasma, forment le *nucleus supra infundibularis grisei*. Ce nucleus est, selon Edinger, le point de départ des fibres qui, en suivant les parois du troisième ventricule, arrivent au bulbe.

Nous voyons donc que le siège de l'hypophyse est celui qui, plus que les autres, tient non seulement un compte exact de toutes les constatations cliniques et expérimentales qui ont été citées pour la détermination du centre hypnique, mais qu'il les concilie presque entre elles.

B. — LES PROPRIÉTÉS FONCTIONNELLES DE L'HYPOPHYSE RÉPONDENT PARFAITEMENT A CELLES D'UN ORGANE PROPRE A PRÉSIDER A LA FONCTION HYPNIQUE.

L'importance de l'hypophyse dans le sommeil n'est pas seulement démontrée par son siège spécial, mais aussi par ses propriétés fonctionnelles. Nous devons, en effet, présumer que le sommeil, s'il consiste en un phénomène de réintégration organique des cellules nerveuses, ne puisse pas s'accomplir normalement sans un organe ou des organes destinés à défendre le cerveau des intoxications du métabolisme organique et à présider au trophisme des éléments nerveux. Or, il est certain que les propriétés fonctionnelles de l'hypophyse répondent justement à ces conditions.

La fonction anti-toxique de la glande pituitaire, admise d'abord par Vassale, est aujourd'hui démontrée par les expériences de Torri, Marenghi, Gemelli, Guerrini. Ces expériences prouvent, de la façon la plus évidente, que la glande réagit énergiquement à toutes les intoxications de notre organisme, en présentant des faits d'hypersécrétion et parfois de véritables hyperplasies. L'hyperhypophysie constitue un phénomène constant dans les intoxications lentes d'origine gastrique, intestinale, hépatique et rénale (Guerrini), d'origine infectieuse (Gemelli, Thaon); dans le cas cependant où les causes toxiques agissent d'une façon plus violente et plus prolongée, les faits d'hypersécrétion sont suivis d'une hyposécrétion, c'est-à-dire de l'épuisement fonctionnel de son activité sécrétoire. Guerrini a démontré que, même dans la fatigue, les déchets toxiques du métabolisme déterminent dans une première phase l'hyperfonction de l'hypophyse, dans une phase ultérieure son épuisement : on voit donc que l'hypophyse réagit à toutes les plus faibles intoxications de l'organisme. Cette conclusion n'exclut cependant pas, observe Pirone avec juste raison, que cette glande n'exerce une influence trophique sur les centres nerveux, ou ne soit pas nécessaire à l'équilibre chimique de l'organisme, selon l'avis de Vassale, Sacchi, Gatta, Caselli, Falta, Rudinger.

La meilleure démonstration de la grande influence que l'hypophyse exerce sur le trophisme, nous est fournie par les nombreux cas d'acromégalie et d'obésité en rapport avec les altérations hypophysaires. La coïncidence de ces altérations avec l'accroissement et l'allongement des os, est très caractéristique. L'on ne peut mettre en doute ce rapport, lorsqu'on observe l'acromégalie à la suite des traumatismes de cette glande, par exemple dans les cas décrits par Benson, Brooks, Unverricht, etc. Il n'est pas rare non plus, que les symptômes acromégaliques disparaissent après l'extirpation de l'hypophyse (Stumme). Parmi les conséquences de l'hypophysectomie, Caselli a observé chez les animaux, un retard considérable dans la croissance ; Fischer a remarqué que quatre poulets, dont il avait enlevé complètement l'hypophyse, n'atteignirent pas les proportions de ceux qui n'avaient pas subi cette opération. Gemelli aboutit aux mêmes conclusions, en admettant que le défaut de sa fonction détermine un retard dans le développement des animaux.

S'il existe une relation intime entre la fonction hypophysaire et le développement osseux, il en est de même, sans doute, entre l'hypophyse et la fonction adipogénique. Nous avons déjà remarqué que l'obésité a été citée avec une fréquence toute particulière dans les conditions physio-pathologiques où l'hypophyse est modifiée dans sa fonction, et que l'amaigrissement se joint souvent au défaut de sa fonction. Pour affirmer le rapport intime entre la fonction adipogénique et la fonction hypophysaire, il suffirait de considérer les nombreux cas que nous avons cités de tumeurs hypophysaires accompagnées d'une obésité prononcée, il suffirait de rappeler le cas décrit par Madelung, d'obésité consécutive à une lésion traumatique de l'hypophyse. On a même observé des cas d'obésité qui se sont améliorés considérablement après l'extirpation de la tumeur hypophysaire (Hochwart).

Les rapports entre l'hypophyse et la nutrition des centres nerveux sont aussi très importants et méritent une attention spéciale. Schonemann, De Coulon, Collina et Mairet-Bosc, à la suite de leurs observations cliniques et expérimentales, admettent que l'hypophyse a une action prévalente sur le trophisme du système nerveux. Narboute et Melcoln ont démontré que les extraits hypophysaires favorisent la rétention du phosphore et de l'azote, et qu'ils ont, par conséquent, une grande influence sur la nutrition des éléments nerveux. L'observation de Narboute et de Melcoln s'accorde avec celle de Vassale et de Sacchi, qui ont remarqué une élimination considérable de phosphore après l'hypophysectomie. Cyon, tout en admettant l'existence de rapports spéciaux entre l'hypophyse et la pression artérielle, ne lui refuse pas une action importante sur la nutrition. Collina enfin, après avoir démontré que l'hypophyse est parfaitement analogue à la glande subneurale des amphioxus, glande qui sert à la digestion des molécules destinées à la nutrition des cellules nerveuses, conclut qu'elle préside à la nutrition de ces éléments.

Le siège de la glande près les centres nerveux, la présence du phosphore dans ses cellules éosinophiles (Collina), sa sécrétion graisseuse riche en lécithine, ce produit phosphoré dont on connaît bien l'influence stimulante directe sur les processus nourriciers des éléments nerveux, suffisent à démontrer l'importance de cette petite glande à sécrétion interne dans la physiologie du système nerveux.

Une preuve indirecte de cette conception se trouve dans *l'étude des troubles psychiques en rapport avec les altérations de l'hypophyse.* L'on sait que les tumeurs hypophysaires dépassent de beaucoup les autres néoplasies dans la complication des troubles psychiques ; Schuster a remarqué ces troubles dans 66 cas sur 100. Auche, qui observa vingt-cinq cas de tumeurs de l'hypophyse, a constaté que l'intelligence y était presque toujours atteinte et que la stupeur et la somnolence en étaient les symptômes les plus fréquents. Narboute a trouvé en général l'hypophyse considérablement diminuée de volume dans les cas de paralysie générale. Boyce, Beadles ont cité trois cas de cyste hypophysaire, en y remarquant l'agitation, les délusions et la manie; ils ont observé aussi 100 hypophyses, en constatant que la glande était généralement plus petite dans les cas de folie prolongée et chez les épileptiques; Bartel a cité un cas de démence précoce en rapport avec un carcinome de l'hypophyse. Le cas de folie rapide que Neusser a remarqué par suite d'un épithéliome métastatique de la même glande, est aussi très caractéristique.

Boyce, Beadles ont cité trois cas de crétinisme avec une tumeur de l'hypophyse et ont rappelé quatre cas similaires signalés par Niepce. Ce dernier auteur a même attribué l'origine du crétinisme à la lésion hypophysaire. Virchow, Schonemann, Benda, De Coulon, Langhaus, Compte ont constaté que la glande était plus petite dans la même affection. Les perturbations de l'hypophyse, écrit Laignel-Lavastine, peuvent être une cause d'infantilisme et de puérilisme, d'arriération psychique et mentale. Levi et Rothschild ont également cité deux cas, dans lesquels les troubles mentaux diminuèrent beaucoup par les extraits hypophysaires; par ce traitement, ils ont observé, chez l'un, une diminution considérable de l'excitabilité nerveuse, chez l'autre une amélioration du sommeil: leurs conditions empirèrent par le traitement thyroïdien. L'on se rappelle aussi que Cyon et De Blair ont obtenu par les extraits hypophysaires une amélioration des conditions psychiques de leurs cas. Caselli a fait la même observation après quelques hypophysectomies.

L'épilepsie est une complication assez fréquente des tumeurs pituitaires. Elle a été citée dans les cas de Fränkel, Farnarier, Lloyd, Wolf, Raymond, Souques, Chalk, Marinesco, etc.

Un nombre considérable de sujets atteints d'acromégalie, affection qui ordinairement se complique d'une lésion hypophysaire, étaient fous ou le devinrent ensuite ; voir les cas cités par Tamburini, Tanzi, Thomas, Pick, Mendel, Haskovec, d'Abundo, Joffroy, Blair. Dans les cas de Brigidi, Adler, Henrot, on a observé la tendance au suicide.

Comme confirmation des rapports intimes de l'altération hypophysaire avec les troubles psychiques, l'on remarque que l'intelligence ne se modifie pas d'ordinaire dans les cas d'acromégalie ne présentant pas la tumeur hypophysaire ou qui ne révélaient aucun symptôme propre à la tumeur hypophysaire, par exemple, dans les cas décrits par Silva, Sarbo, Sandby, Pel, Murray (1er cas), Farge, Kankorowitz, Lithauer, Pittaluga, Mosse (2me cas), Labadie et Lagrave (1er cas).

L'on pourrait maintenant supposer que les troubles psychiques en question se rapportent à l'accroissement de la tumeur hypophysaire et, par suite, à la compression des centres nerveux, et non point à une modification de la fonction hypophysaire. Contrairement à cette objection, je pourrais cependant citer quelques cas où l'on a constaté la destruction presque totale de l'hypophyse avec absence de toute néoplasie et dans lesquels, toutefois, l'on a signalé les troubles psychiques les plus caractéristiques; tels sont : le cas de Finzi d'acromégalie avec disparition de l'hypophyse, réduite à quelques gouttes, et où l'on a observé une irritabilité nerveuse insolite, des hallucinations visives, acoustiques et des idées de suicide : le cas de Klippel-Vigouroux de sclérose de l'hypophyse avec confusion mentale, incohérences, hallucinations et illusions ; le cas de Wasdin de gangrène de l'hypophyse, accompagnée de délire, etc.

Ce qui démontre enfin, avec le plus d'évidence, que les troubles psychiques ne sauraient être rapportés tout simplement à l'accroissement de volume de cette petite glande, c'est le fait qu'ils se produisent non seulement dans les tumeurs hypophysaires, mais aussi dans toutes les affections qui s'accompagnent des modifications les plus légères de sa fonction sécrétoire, savoir dans le myxœdème, dans le crétinisme, dans la maladie de Basedow, affections révélant, en général, l'insuffisance fonctionnelle ou l'hypersécrétion simple de l'hypophyse. Il existe donc, sans doute, un rapport entre les altérations fonctionnelles de cette glande et les troubles mentaux, rapport qui trouve son explication meilleure dans l'idée, affirmée par la plupart des physiologistes, que l'hypophyse exerce une action réelle sur le métabolisme des cellules nerveuses.

L'on pourrait aussi se demander si l'hypophyse ne possède pas des propriétés sédatives pour les centres nerveux. Une telle question nous paraît légitime après les expériences de Paderi, qui remarqua toujours la présence du brome dans son parenchyme. La présence de cet élément, dont on connaît les propriétés sédatives sur l'activité nerveuse, n'est pas, peut-être, dépourvue de quelque importance, si l'on considère que l'hypophyse, à cause de son siège spécial à la base du cerveau, aurait une action directe sur les cellules nerveuses.

C. — LES EXTRAITS HYPOPHYSAIRES ONT UNE ACTION FAVORABLE SUR LE SOMMEIL DANS L'INSUFFISANCE HYPOPHYSAIRE.

Le rapport entre la fonction hypophysaire et le sommeil n'est pas seulement illustré par les propriétés anti-toxiques et trophiques de cette glande par rapport aux centres nerveux, mais il est confirmé aussi par le critérium thérapeutique.

Renon et Delille ont administré la glande pituitaire, en petites doses, dans les cas de tuberculose, de fièvre typhoïde, de maladie de Basedow, etc., c'est-à-dire dans les affections où l'hypophyse a été observée profondément altérée (Thaon, Gemelli, Benda), et ont conclu que : « Quelle que « fût l'affection traitée, l'action générale de l'hypophyse « a porté toujours sur les pouls, sur la tension artérielle, « *sur le sommeil*, sur l'appétit. Le pouls s'est ralenti, la « tension artérielle s'est élevée ; dans tous les cas, les malades ont eu *plus de sommeil*, l'appétit est revenu. L'opothérapie pituitaire a donné à tous ces malades un sommeil meilleur et souvent même excellent. »

Parisot a obtenu aussi, dans diverses affections, une amélioration remarquable par le traitement hypophysaire, et a signalé plusieurs fois l'augmentation du sommeil. Quelques tuberculeux agités ont pu dormir, de nuit et de jour, par les extraits de l'hypophyse.

Azam a décrit un syndrome d'insuffisance hypophysaire et, en même temps que la dépression artérielle et la tachycardie, il y signala l'insomnie. L'on connaît aussi les effets salutaires obtenus par la cure pituitaire dans la maladie de Basedow (Renon, Delille, Parisot, Azam), résultats qui confirment, dans la plupart des cas, l'importance de l'hypophyse dans son processus pathogénique. On se rappelle enfin le cas de tumeur hypophysaire et acromégalie décrit par Blair, dans lequel l'insomnie, rebelle à tous les hypnotiques ordinaires, s'améliora sensiblement à l'aide de fortes doses de substance pituitaire.

Ces résultats satisfaisants obtenus par la cure hypophysaire s'accordent aussi avec les observations faites par d'autres auteurs qui ont administré les extraits hypophysaires à des animaux sains. Bosc, Mairet, dans leurs expériences, ont signalé parfois une très forte somnolence. Salvioli et Carraro ont constaté, d'habitude, un état de somnolence très remarquable. Etienne et Parisot citent aussi parmi les symptômes plus caractéristiques : la somnolence et l'apathie des animaux, l'augmentation de l'urine, le ralentissement du cœur, l'augmentation de la force des pulsations, les troubles respiratoires, etc. Renon et Delille écrivent : « même avec une injection légère péritonéale d'extrait hypophysaire, les animaux se couchent, s'étalent, urinent « abondamment, puis restent inertes et somnolents pendant « de longues heures. Tous les auteurs et nous-même avons « observé que l'injection d'extrait pituitaire amenait une « torpeur et une somnolence presque immédiates. »

Je suis bien loin d'attacher à ces expériences une importance excessive pour la défense de ma thèse. Je suis convaincu que la somnolence que l'on remarque avec les extraits hypophysaires, représente un sommeil pathologique dû aux propriétés toxiques de ces extraits lorsqu'ils sont administrés en fortes doses. L'on peut aussi bien admettre que l'amélioration de l'insomnie, obtenue par les extraits hypophysaires, se rapporte particulièrement aux propriétés hypertensives du lobe postérieur hypophysaire. Quelle que puisse être pourtant l'hypothèse qu'on invoque pour se rendre compte du mécanisme d'action de ces extraits, un élément de fait subsiste : c'est qu'ils ont une action favorable sur le sommeil, et que l'insomnie, que l'on remarque parmi les signes les plus fréquents et les plus caractéristiques de l'insuffisance hypophysaire, s'améliore réellement par le traitement hypophysaire. Cette constatation, il faut en convenir, s'accorde incontestablement avec le rapport spécial que nous avons établi entre le sommeil et l'hypophyse, et confirme l'importance de cette glande dans la fonction hypnique.

En résumant, à présent, notre étude sur l'hypophyse, nous pouvons conclure que son siège à la base cérébrale, ses propriétés antitoxiques, trophiques et, peut-être, sédatives pour les centres nerveux, les relations intimes entre ses troubles fonctionnels et les modifications du sommeil, l'action thérapeutique enfin des extraits hypophysaires, établissent un rapport spécial entre la fonction de l'hypophyse et le sommeil, en confirmant l'hypothèse que cet organe, si intimement lié au métabolisme normal et à la nutrition des centres nerveux, a une influence particulière sur le sommeil, qui est précisément une fonction de nutrition et de réparation des cellules nerveuses.

Le rôle de l'hypophyse dans le sommeil, s'accorde ainsi parfaitement avec celui que nous avons conféré aux cellules nerveuses dans la même fonction. On peut supposer, en effet, que la sécrétion de la glande pituitaire dont les éléments cellulaires sont très riches en phosphore, exerce une action spéciale sur la nutrition des cellules nerveuses et particulièrement sur la formation de la substance chromatophile, qui est considérée par la plupart des auteurs comme une matière nucléoprotéide d'origine nucléaire. Le phosphore est l'élément qui excite les cellules nerveuses, les noyaux en particulier, dans leur métabolisme : c'est cet élément qui constitue le substratum chimique des actes fermentatifs présidant aux échanges nourriciers de toute cellule. Ce qui m'étonnerait bien ce serait, si les produits hypophysaires, qui constituent des véritables extraits phosphorés, n'avaient aucune influence sur la nutrition des cellules nerveuses corticales et, par suite, sur le sommeil, tandis qu'ils l'exercent sur le métabolisme d'autres éléments cellulaires.

D. — Les rapports entre les glandes a sécrétion interne et la fonction hypnique; leur signification précise.

Le rôle que l'hypophyse joue dans le sommeil ne doit pas être mal compris: tout en admettant l'importance spéciale que cette glande a dans la nutrition des éléments nerveux corticaux et, par conséquent, dans la fonction hypnique, nous sommes bien loin de supposer que l'hypophyse représente l'organe spécifique du sommeil. Le sommeil, ne l'oublions pas, consiste en une fonction de sécrétion interne restauratrice des cellules cérébrales. Ce sont là les éléments qui constituent le siège du sommeil, l'organe spécifique de ce phénomène, et non point l'hypophyse ou toute autre glande à sécrétion interne.

La sécrétion chromatique d'où le sommeil dérive, ne représente pas un état négatif susceptible de ressentir passivement l'influence d'un organe sécrétoire, par exemple, de l'hypophyse ; elle représente, au contraire, une activité positive, une véritable fonction spécifique de la cellule nerveuse. Le rôle de l'hypophyse dans la fonction hypnique consiste ainsi, à mon avis, non dans la sécrétion de produits hypnotiques paralysant les éléments nerveux dans leur activité, mais simplement dans les propriétés antitoxiques et trophiques que cette glande possède à l'égard des centres corticaux. Ces propriétés, d'ailleurs, ne s'exercent pas seulement sur l'appareil nerveux, mais aussi sur le métabolisme d'autres tissus. Personne ne niera pas que cette glande n'ait aussi une importance particulière dans l'adipogénie et dans l'ostéogénie. L'hypophyse ne représente donc pas l'organe spécifique du sommeil, de même qu'elle n'est pas l'organe spécifique de la fonction adipogénique ou ostéogénique.

Nous n'excluons pas non plus que d'autres organes à sécrétion interne ne possèdent les mêmes propriétés antitoxiques et trophiques de l'hypophyse et n'exercent, ainsi que cette glande, une influence spéciale sur la nutrition des centres nerveux et, par suite, sur le sommeil. La connaissance que nous avons aujourd'hui des glandes à sécrétion interne est trop superficielle pour que l'on puisse émettre une opinion positive à ce sujet. On a décrit dans la cavité pharyngienne, dans le canal cranio-pharyngien, des hypophyses accessoires qui auraient toutes les propriétés anatomiques et, peut-être même, physiologiques de l'hypophyse.

Loëper cite la grande analogie de la cellule hypophysaire avec celle des plexus choroïdes, analogie de forme, de volume, de réactions histologiques, puisque les mêmes granulations, les mêmes vacuoles, les mêmes grains de pigment jaune, les mêmes amas graisseux, les mêmes corps mûriformes se retrouvent dans les cellules de l'une et de l'autre glande. L'analogie de ces organes est telle que Loëper se demande si le rôle des plexus choroïdes se borne seulement à fabriquer le liquide céphalo-rachidien, et si les cellules qui les revêtent ne sécrètent pas une substance particulièrement destinée à la nutrition du système nerveux de l'adulte et peut-être de l'organisme tout entier. Sandri a démontré aussi que les extraits hypophysaires auraient une action élective sur les plexus choroïdes. Or, si les plexus choroïdes avaient réellement une action trophique sur les centres nerveux, ainsi que Loëper suppose, nous ne pourrions pas exclure la possibilité que ces organes sécrétoires possèdent une certaine influence sur le sommeil, ou bien une action de compensation dans les cas d'insuffisance hypophysaire.

Les mêmes considérations qui ont été faites sur les plexus choroïdes, peuvent être répétées à propos de la glande pinéale, qui est considérée par Marburg comme un organe à sécrétion interne analogue à l'hypophyse et strictement lié avec la nutrition. L'auteur, à l'appui de son hypothèse, signale des tumeurs de cette glande en rapport avec l'hypertrophie des organes génitaux et avec l'obésité. Si l'on considère enfin que tous ces organes à sécrétion interne sont liés entre eux par les plus intimes relations physio-pathologiques, l'on comprend bien qu'il serait fort difficile pour nous d'exclure la possibilité de leur rapport avec la nutrition des cellules nerveuses et avec le sommeil.

Pourtant, nous remarquons qu'aucune de ces glandes ne présente une corrélation si intime avec le sommeil, telle que nous l'avons signalée à propos de l'hypophyse. L'importance que nous avons donnée à cette glande dans la fonction hypnique, n'est pas seulement hypothétique, mais elle s'accorde aussi avec un grand nombre de cas cliniques et anatomo-pathologiques, qui suffiraient, à eux seuls, pour affirmer le rôle particulier que l'hypophyse joue dans le sommeil.

Nous n'avons cependant pas la prétention d'affirmer son importance dans toutes les espèces de sommeil : le sommeil est continu chez les nouveau-nés, c'est-à-dire à l'âge où l'activité sécrétoire de l'hypophyse est très faible (Guerrini)[1]. L'hypophyse révèle une hypoactivité fonctionnelle dans la léthargie hibernale (Gemelli). On observe aussi le sommeil chez les animaux ne possédant pas la glande pituitaire.

Tous ces faits ne sont cependant pas en contradiction avec notre thèse. Le principe fondamental qui découle de la théorie sécrétoire, est que le sommeil, considéré comme fonction de sécrétion, est présidé par un organe à sécrétion

---

1. Il est bien démontré que les nouveau-nés reçoivent du lait maternel les produits de sécrétion interne qui ne sont pas dans leur organisme. Les expériences d'A magia prouvent que l'extirpation des parathyroïdes, du pancréas ne déterminent aucun trouble chez les nouveau-nés pendant l'allaitement, tandis que les symptômes les plus graves, savoir la glycosurie, la cachexie strumiprive, etc., apparaissent après le sevrage. On sait de même que l'hypophyse révèle, pendant la grossesse et l'allaitement, une hyperactivité fonctionnelle et parfois une véritable hypertrophie (Launois, Moulon, Compte, Morandi).

interne présentant les liens les plus étroits avec le métabolisme organique, avec la nutrition. C'est pour ce principe fondamental que nous avons soutenu l'importance de l'hypophyse dans le sommeil quotidien, de même que celle de la glande hibernale dans la léthargie des mammifères, ou du corps adipeux dans l'état de chrysalide. Nous ne nous étonnerons pas non plus que chez les animaux démontrant la persistance du *thymus*, pendant toute leur vie, par exemple, les oiseaux [1], les poulets, les cobayes, les amphibies, et peut-être chez les nouveau-nés dans les premiers mois de leur existence, cette glande, dont on connaît bien les rapports intimes avec l'hypophyse et l'analogie avec la glande hibernale, n'exerce une influence bien plus grande que l'hypophyse sur la nutrition des centres nerveux et, par suite, sur le sommeil.

Ne considérons donc pas l'hypophyse comme l'organe spécifique et exclusif du sommeil : mais n'oublions pas néanmoins que cette glande, chez l'homme et les mammifères, est liée par les plus étroites relations avec la nutrition de tout l'organisme, avec le trophisme des centres nerveux, et nous comprendrons alors parfaitement son importance spéciale dans la fonction hypnique.

Maintenant que nous avons établi le rôle que les glandes à sécrétion interne jouent dans le sommeil, examinons le mécanisme de cette fonction.

---

1. Lewis a démontré que chez les oiseaux le thymus est très riche en cellules épithéliales et éosinophiles.

CHAPITRE VII

MÉCANISME DE LA FONCTION HYPNIQUE

§ 1. — Les éléments fondamentaux de la fonction hypnique.

L'étude du sommeil quotidien nous a révélé l'importance de trois éléments fondamentaux de cette fonction.

1° *L'élément toxique*, qui constitue le stimulus initial de la fonction hypnique. Nous avons vu que le sommeil est en rapport direct avec la veille et que celle-ci implique un métabolisme organique très actif et, par suite, l'élimination de déchets toxiques ayant, sans contredit, une grande influence dans la production du sommeil.

2° *L'élément trophique*, représenté par un processus de sécrétion interne réparatrice de la cellule nerveuse, c'est-à-dire par la sécrétion chromatique, que nous considérons aussi comme la cause déterminante directe du sommeil. Nous sommes d'avis, en effet, que la substance de Nissl, qui s'accumule normalement dans la cellule nerveuse pendant son repos fonctionnel, se forme par un processus de synthèse chimique, de déshydratation de l'élément cellulaire, et diminue sensiblement son excitabilité ; les éléments chromatophiles, lorsqu'ils ne sont pas dissous et qu'ils s'accumulent en abondance dans les cellules nerveuses, auraient aussi la propriété des substances colloïdes de baisser la pression osmotique cellulaire et d'être un obstacle à la conductivité électrique. Les cellules corticales présenteraient ainsi un état d'isolement complet du monde extérieur, en perdant rapidement leur conductivité nerveuse. Cet état d'isolement, dans lequel les éléments nerveux centraux, toute vie de relation étant suspendue, consacrent toute énergie à leur réparation organique, est précisément ce qui caractérise le sommeil.

3º Le troisième élément est fourni par des *organes spéciaux à sécrétion interne*, qui seraient presque le trait d'union entre les deux éléments précédents, c'est-à-dire entre l'élément toxique et l'élément trophique.

Ces importants organes, indispensables au métabolisme organique, auraient, en effet, la propriété d'être stimulés dans leur fonction par les produits toxiques du métabolisme, et de présider, par leur sécrétion interne, à la nutrition des différents tissus.

L'on ne saurait concevoir le mécanisme de la fonction hypnique sans le concours de chacun de ces trois éléments. Supposons, en effet, que l'on conteste l'importance de l'élément toxique ; comment pourrions-nous alors éclaircir le rapport qui existe, incontestablement, entre la veille et le sommeil ? cela nous porterait à nier une des vérités les plus certaines de la théorie chimique, à savoir que la veille implique une intoxication continue de notre organisme. L'augmentation du sommeil ou l'hypersomnie se rapporte généralement à une origine toxique. L'élément trophique dans le sommeil est trop évident, pour qu'il soit nécessaire d'en faire ressortir davantage l'importance. La plupart des auteurs admettent, à juste titre, que le sommeil est essentiellement un acte de réparation organique de la cellule nerveuse. Nous avons fait remarquer enfin dans le chapitre qui précède, l'importance des organes à sécrétion interne dans la fonction hypnique. Si nous n'admettions pas leur concours, nous serions logiquement forcés de soutenir que cet acte de réparation, de réintégration organique de la cellule nerveuse est déterminé directement par les produits toxiques du métabolisme organique ; nous devrions alors admettre que le sommeil hibernal a, lui aussi, une origine toxique, ce qui est désormais contredit par trop d'objections. L'animal qui tombe en léthargie n'est certes pas plus intoxiqué que les autres animaux non léthargiques. Les intoxications expérimentales et infectieuses peuvent, au contraire, interrompre la léthargie.

Nous ne saurions concevoir, à propos du sommeil quotidien, une intoxication qui s'empare périodiquement de nos centres nerveux en y déterminant un acte de réparation, d'autant plus si l'on pense que cet acte de réparation consiste dans l'élaboration de la substance chromatique, dont nous connaissons tous l'extrême sensibilité aux stimuli toxiques. Il y a, sans doute, des intoxications très graves qui déterminent, dans leur première phase, l'hypertrophie des éléments chromatophiles, une surcoloration basophile du protoplasme, mais nous n'ignorons pas non plus que cette phase est suivie généralement, après quelque temps, du processus de chromatolyse. Une intoxication aussi atténuée peut déterminer une hyperactivité simple de la fonction chromatogénique et l'hypersomnie, de même qu'elle détermine une suractivité fonctionnelle des cellules adipeuses et une obésité progressive. L'on remarque cependant que cette hypersomnie toxique, tout en présentant beaucoup de caractères du sommeil normal, n'a plus la souplesse, la plasticité, le caractère d'adaptation qui distingue le sommeil physiologique. Un sujet plongé dans le sommeil peut d'ordinaire recouvrer, quelques minutes après son réveil, toute sa lucidité mentale, son activité psychique parfaite ; au contraire, les patients atteints d'une hypersomnie toxique restent généralement très somnolents après le réveil ; plus ils dorment, plus ils dormiraient. Ils peuvent répondre à quelques questions, ils peuvent manger, uriner, mais très souvent ils retombent tout de suite dans leur sommeil, même le pain à la bouche ou pendant la miction, la défécation, etc. Ils ne peuvent pas rester éveillés à cause de la forte dépression de leur activité psychique, qui ne peut plus exercer aucune action inhibitrice sur la fonction hypnique. La raison de cette dépression mentale est bien explicable ; il est très difficile qu'une intoxication pénétrant dans les centres nerveux se borne à stimuler la sécrétion chromatique sans atteindre les neurofibrilles, savoir les éléments qui président à notre activité psychique. C'est sans doute pour ce motif que l'hypersomnie toxique est accompagnée d'ordinaire d'un affaiblissement remarquable de l'énergie psychique, de la diminution de l'attention, de la mémoire, de l'imagination, etc. Il est également certain que si la conception fondamentale de la théorie toxique était exacte, c'est-à-dire si le sommeil quotidien était directement secondaire à une intoxication cérébrale, nous devrions remarquer une certaine dépression psychique toutes les fois qu'on nous réveille et tout particulièrement le matin quand le sommeil a été très prolongé. Or, le fait que cette dépression n'existe pas, constitue, sans doute, un argument très important contre l'hypothèse d'une intoxication cérébrale dans le sommeil quotidien. Le concours d'un élément intermédiaire entre le facteur toxique et le trophique s'impose donc, même s'il n'était pas démontré suffisamment par les relations physio-pathologiques entre les organes à sécrétion interne et le sommeil. En effet, le mécanisme de cette fonction serait complètement expliqué, si l'on admettait que les produits toxiques du métabolisme organique n'atteignent pas directement les cellules nerveuses, mais qu'ils sont neutralisés par la fonction antitoxique de certaines glandes à sécrétion interne, dont les produits spécifiques « *hormones* » auraient une action stimulatrice sur la sécrétion réparatrice des cellules nerveuses. Nous expliquerions ainsi non seulement le rapport entre le sommeil et la veille, mais le fait aussi que l'insomnie s'observe dans les cas où l'intoxication dépendant de la veille est trop intense, par exemple, à la suite d'une fatigue excessive, et qu'elle atteint les cellules corticales mêmes.

§ 2. — Les rapports entre la veille et le sommeil.

A. — La veille est la cause du sommeil, de même qu'elle représente la phase de préparation a l'acte hypnique proprement dit.

De même que pendant le jeûne se prépare la fonction digestive, car c'est précisément dans cette période que les cellules gastriques élaborent la sécrétion peptique, de même l'on doit regarder la veille comme la phase préparatrice du sommeil. Or, puisque ce phénomène, à notre avis, est essentiellement déterminé par l'accumulation progressive de la substance chromatique dans la cellule nerveuse, nous devons étudier le mécanisme de formation des éléments chromatophiles.

Quelle est la cause influant directement sur la cellule nerveuse dans son processus de sécrétion interne restauratrice, et qui préside à la formation, à la synthèse de la substance de Nissl?

La chimie organique nous apprend que la force mystérieuse présidant à tous les processus de synthèse chimique consiste dans des forces catalytiques spéciales possédant une influence sur certaines réactions qu'elles accélèrent ou retardent. Il y a de véritables catalysateurs naturels, des substances organiques, dont la formation n'a pas encore été bien définie, que l'on appelle *enzymes* ou *ferments*, et qui président à tous les actes de nutrition, au métabolisme organique. Ce sont les ferments intracellulaires qui président à la formation des matériaux de réserve dans les plantes. Verworn aussi est d'avis que les substances de réserve, parmi lesquelles il comprend la substance chromatique, se forment par des enzymes spéciaux synthétisants.

Nous avons aussi observé l'importance du noyau dans le processus de nutrition de la cellule nerveuse et spécialement dans la formation de la substance chromatique ; cette substance, de même que le noyau, est considérée par la plupart des auteurs, comme un matériel nucléo-protéide contenant du fer et du phosphore. Scott admet que la substance chromatique provient de la chromatine basophile du nucléole : les corpuscules de Nissl, d'après cet auteur, ne sont que de la chromatine qui a diffusé du noyau dans le cytoplasme. Cette théorie est confirmée par Motte, Mackenzie, Rohde et Hatai : ce dernier a remarqué que les granulations chromatophiles se continuent directement avec la nucléine dissoute dans le noyau. Collin admet aussi que le noyau joue un rôle important dans la différenciation du cytoplasme. Il a constaté que, pendant toute la durée de l'élaboration des corps de Nissl, l'appareil nucléaire présente des caractères cinétiques très intéressants qui démontreraient, d'une manière incontestable, l'intervention du noyau dans la différenciation de la substance chromatique. Collin et Marinesco ont observé dans l'embryon du poulet que les corps de Nissl apparaissent d'abord aux deux pôles du noyau. Marinesco remarque aussi que la réformation active des corpuscules de Nissl dans la cellule nerveuse, après la résection des nerfs périphériques, commence autour du noyau, soit-il ou non au centre de la cellule. La disposition de la chromatine nucléaire est en relation seulement avec le volume du noyau et le degré de différenciation du protoplasme. Plus la quantité de protoplasme dans la cellule est grande, et par conséquent plus elle est riche en substance chromophile, plus est grande la concentration et la simplification de la nucléine. Pergens a également observé que l'affinité du protoplasme pour les colorants basiques obéit à une courbe qui se rapproche beaucoup de celle correspondante à la quantité de nucléine présente. Marinesco a conclu que le noyau verse dans le protoplasme des substances solubles qui présideraient à l'élaboration des corpuscules de Nissl, en jouant le rôle des ferments à l'égard des matériaux qui se trouvent dans le cytoplasme.

Telle conclusion se concilie, d'ailleurs, avec toutes les observations expérimentales démontrant les liens les plus étroits entre la formation de la substance chromatique et le développement du noyau. Ramon y Cajal observe, en effet, que les cellules nerveuses, dont la concentration nucléique est peu accentuée ou fait complètement défaut, ne présentent pas de blocs chromatiques.

Lugaro, en étudiant le nucléole des cellules ganglionnaires sensitives après la section des nerfs périphériques, admet que son volume révèle le travail réparateur de la cellule, travail qui se manifeste ensuite par l'accumulation de la substance chromatique en contiguïté immédiate du noyau. Il est enfin notoire que la destruction du noyau et du nucléole amène inévitablement la complète destruction, la disparition définitive de la substance chromatique dans la cellule nerveuse.

L'importance qu'a le noyau dans le processus de formation de la substance chromatique est analogue à celle que l'on remarque dans d'autres fonctions de sécrétion. Dans les cellules glandulaires, c'est le noyau qui préside à la formation des granulations, lesquelles constituent le substratum morphologique de la fonction sécrétoire. Trambusti admet que le noyau concourt au processus de sécrétion interne de la cellule, en fournissant probablement au cytoplasme des substances déjà élaborées par lui. Il a démontré que les granulations caryoplasmiques ne se produisent dans le cytoplasme que lorsque le noyau s'en est pourvu préalablement.

L'on considère généralement ce matériel d'origine nucléaire comme un matériel de force, doué d'une action comparable à celle des enzymes, des catalysateurs, à savoir d'une action qui excite ou qui augmente la fonction protoplasmique, C'est, en effet, le noyau qui fournit le phosphore, c'est-à-dire le substratum chimique des actes fermentatifs réglant le mouvement nourricier de la cellule. Il ne faut donc pas s'étonner que dans la cellule nerveuse la sécrétion chromatique soit en rapport direct avec l'énergie fonctionnelle du noyau et du nucléole.

Or, nous savons que la nutrition de la cellule nerveuse s'effectue particulièrement pendant son activité, car c'est pendant cet état que la vascularisation devient plus active

et que la pression osmotique augmente de telle sorte que
la cellule est en état d'assimiler de la lymphe les matériaux
nécessaires à sa nutrition. L'action trophique, dit Marinesco, est sous la dépendance de son fonctionnement ; le
neurone ne vit que grâce à sa fonction. C'est, par conséquent, pendant l'état d'activité de la cellule nerveuse que
le métabolisme nucléaire devient plus actif.

Les recherches expérimentales faites par Mann, Vas,
Korybutt, Das Kievitz, Lugaro, Levi, Guerrini et par
d'autres auteurs, démontrent que, pendant l'activité, le
noyau et le nucléole augmentent de volume. La fatigue
même révèle souvent l'hyperchromatogénie du nucléole
(Odier, Guerrini, Berkley, Soukhanoff, Manaresi).

O. Van Durme a observé que la cellule nerveuse, pendant son activité, exerce une action chimiotaxique positive
sur les leucocytes, lesquels contribueraient à sa réparation
nourricière, en apportant les matériaux nécessaires à l'élaboration de la substance chromatique ; il a constaté en
outre que durant cette période, les noyaux s'enrichissent
de chromatine.

Pellizzi, par ses expériences importantes sur les cellules
des ganglions cœliaques et mésentériques supérieurs dans
les différents états de leur fonctionnement, a démontré
aussi que, pendant l'activité de la cellule nerveuse, tout
en restituant la chromatolyse dans le protoplasme, le noyau
se charge de chromatine par une fonction réparatrice qui
se prolonge jusqu'à la réintégration de la cellule, c'est-à-
dire jusqu'à sa période de repos ; c'est alors que le noyau
s'appauvrit de granulations, tandis que la substance chromatique s'accumule dans le protoplasme. Les recherches
faites par Pellizzi se concilient, peut-être, avec celles de
Lugaro qui remarqua, dans la phase réactive de la cellule
nerveuse après la section des nerfs périphériques, l'augmentation de volume du nucléole, qui va toujours en gros-
sissant jusqu'au maximum de la phase réparatrice et diminue ensuite, tandis que la substance chromatique
s'accumule de nouveau dans le protoplasme.

Marinesco, qui a consacré un chapitre très intéressant

au phénomène de réparation de la cellule nerveuse, soutient enfin que le processus de désintégration des éléments nerveux, pendant leur activité fonctionnelle, est suivi et peut être accompagné de phénomènes de réintégration dus à une activité d'ordre différent, à une activité de synthèse organisatrice qui a lieu probablement dans le noyau, et qui a pour but la réparation de la cellule. Marinesco conclut en disant que le processus de désintégration ou d'activité fonctionnelle de la cellule nerveuse est indissoluble, à l'état normal, d'avec le processus de réparation.

Toutes les recherches expérimentales susdites démontrent de cette manière que la formation des matériaux qui président à la réintégration organique des éléments nerveux, c'est-à-dire à la formation de la substance chromatique, s'effectue tout particulièrement dans l'état même d'activité de la cellule nerveuse. C'est, effectivement, pendant cet état que se produit le travail fonctionnel du noyau qui, par son action catalytique, présidera ensuite à l'activité réparatrice de la cellule. Ces conclusions, à mon avis, éclaircissent beaucoup le mécanisme du sommeil, car, si ce phénomène est intimement lié avec le processus chromatogénique de la cellule nerveuse, et si ce processus se prépare pendant son activité, c'est-à-dire au cours de la veille, il s'ensuit nécessairement que c'est pendant la veille que la fonction hypnique élabore le matériel propre à déterminer le sommeil. L'on peut ainsi définir la veille,« *la période de préparation à l'acte hypnique.* » Nous savons d'ailleurs que le travail fonctionnel de la cellule nerveuse se joint à l'augmentation de sa pression osmotique, de telle sorte qu'elle peut assimiler du milieu extérieur les matériaux de nutrition, et qu'elle peut ressentir l'influence stimulatrice des organes à sécrétion interne qui, par leurs produits spécifiques, président à la nutrition cellulaire.

B. — LE SOMMEIL EST LA CAUSE DE LA VEILLE.

Comme notre thèse nous démontre que la veille représente la phase de préparation à l'acte hypnique, elle pourra, je l'espère, nous convaincre aussi que le sommeil doit être, à son tour, considéré comme la cause de la veille. Si, en effet, la veille représente, pour notre organisme, une source d'intoxication due aux déchets toxiques du métabolisme, le sommeil représente, au contraire, une forte diminution de cette intoxication. La dépression fonctionnelle des centres nerveux pendant le sommeil, porte comme conséquence un ralentissement considérable du métabolisme de tous les tissus et, par suite, une intoxication plus légère de l'organisme, un défaut fonctionnel des organes à fonction anti-toxique qui, par leur sécrétion interne, stimulent la nutrition des cellules nerveuses; on observe de telle manière, dans le sommeil, une diminution graduelle des conditions que nous avons considérées préalablement comme les causes fondamentales de la fonction hypnique, à savoir : les stimuli toxiques, les produits spécifiques des organes à sécrétion interne.

Remarquons, en outre, que l'accumulation de la substance chromatique que la cellule nerveuse fabrique pendant son long repos fonctionnel ou dans le sommeil, produira, après quelque temps, une diminution considérable de sa pression osmotique, ce qui fera que la cellule ne pourra presque pas absorber de la lymphe péricellulaire les substances nécessaires à sa nutrition et surtout à la formation ultérieure de la substance chromatique. La formation de cette substance diminuera alors graduellement et finira par cesser tout à fait, permettant ainsi la conduction des stimuli psychiques. C'est ainsi que se préparent lentement dans le sommeil les plus favorables conditions pour le retour de la veille, pour le réveil. En d'autres termes, le sommeil cesse avec l'épuisement de la fonction hypnique, de même que nous venons de voir qu'il débute par son trop d'intensité : notre thèse fournit ainsi l'explication la plus complète de la périodicité de la veille et du sommeil.

§ 3. — Mécanisme du sommeil : 1° provoqué par le besoin de dormir ; 2° volontaire ; 3° involontaire.

Maintenant que nous avons étudié le mécanisme par lequel la fonction hypnique accomplit tacitement son travail de préparation pendant la veille, et comment elle se réalise ensuite dans l'état de sommeil, examinons les conditions les plus favorables au déclanchement du sommeil ou de l'acte hypnique proprement dit. Puisque cet acte dépend de l'accumulation de la substance chromatique dans la cellule nerveuse, il est logiquement permis d'admettre que cette accumulation, ainsi que le sommeil qui s'ensuit, sont déterminés : 1° par la formation abondante de la substance chromatique dans la cellule nerveuse ; 2° par un défaut de sa dissolution.

Le premier cas se vérifie lorsque la fonction chromatogénique est excessivement stimulée dans son activité. Or, nous avons vu que la condition la plus favorable pour que la sécrétion chromatique s'élabore en abondance dans la cellule nerveuse, est celle d'un métabolisme organique très accéléré, qui, d'une part, implique une nutrition très active de la cellule nerveuse, d'autre part, stimule la fonction des organes à sécrétion interne qui excitent la sécrétion chromatogénique et le sommeil. La veille est précisément la cause du sommeil, en tant qu'elle représente la période où le métabolisme organique est très actif, la période dans laquelle les noyaux des cellules nerveuses élaborent les matériaux chromatogéniques déterminant le sommeil. Il est très compréhensible que plus la veille se prolonge, plus les noyaux seront stimulés dans leur activité fonctionnelle, et plus la substance chromatique sera abondamment sécrétée.

La veille, en outre, surtout si elle est très prolongée, n'implique pas seulement un métabolisme organique très actif, mais aussi un degré plus ou moins grand d'épuisement de nos centres nerveux : nous savons fort bien que le soir, après notre travail quotidien, nos sensibilités, notre activité psychique montrent une diminution considérable de leur énergie. Les cellules corticales, déprimées dans leur activité, présenteront alors un défaut de dissolution de la substance chromatique, lequel, joint à l'augmentation de la fonction chromatogénique, provoquera une plus grande accumulation des éléments chromatophiles dans le protoplasme cellulaire. L'accumulation progressive de ces éléments déterminera d'abord une perturbation de la sensibilité cérébrale, la sensation cénesthésique spécifique, « l'appétit du sommeil, le besoin du sommeil ». Cette sensation se traduit par la diminution progressive de l'activité des centres qui subissent, d'une façon spéciale, l'influence de la fonction hypnique ; elle se traduit, ainsi par la diminution de l'attention, de l'intérêt pour la situation présente, par un défaut de synthèse mentale, par la parésie des élévateurs des paupières.

Quand la substance chromatique, soit à cause de l'augmentation de sa formation, soit à cause du défaut de sa dissolution, s'accumule en trop grande quantité dans les cellules nerveuses, se produiront la perte complète de leur conductivité et le sommeil, qui pourra alors se dire *provoqué par le besoin de dormir*, car il exprime réellement l'hyperactivité de la fonction hypnique, le besoin que cette fonction éprouve de se déclancher. Le sommeil provoqué par le besoin de dormir s'impose à notre volonté et à notre intérêt, par un mécanisme purement réflexe.

Les sommeils volontaire et involontaire peuvent, par contre, se produire, même si la fonction hypnique est peu active : nous pouvons nous endormir spontanément et de plein gré, même après une courte période de veille, tout en n'étant pas fatigués. L'on ne pourra pas alors attribuer ce sommeil à l'accumulation de la substance chromatique dans la cellule nerveuse par une augmentation de sa formation, mais on devra, au contraire, le considérer comme se rapportant à un défaut de sa dissolution. Or, du moment que la substance chromatique se dissout pendant l'état d'activité de la cellule nerveuse, nous devons en inférer que, dans son état de repos, se produit nécessairement un défaut de sa dissolution. Cela constitue, en effet, la condition fondamentale pour que le sommeil volontaire ou involontaire puisse se produire : nous ne pourrions pas nous endormir si nos cellules corticales conservaient toute leur excitabilité ; la circonstance la plus favorable au déclanchement du sommeil est précisément la perte de l'attention. Nous avons déjà remarqué que c'est l'intérêt pour la situation présente qui excite particulièrement notre attention. Quand les sources de notre intérêt, dit très justement Claparède, sont taries, par exemple par des impressions monotones, par le silence, par l'ennui, etc., et que nous nous trouvons désintéressés de la situation présente, nous sommes dans la circonstance la plus favorable pour subir les atteintes du sommeil. Les Papopoas, assure-t-on, lorsqu'ils sont désoccupés, s'endorment même debout, et cela est très compréhensible, car, leur conscience étant peu développée, ils se désintéressent facilement de la situation présente et perdent l'attention ; ainsi, certains animaux s'endorment à peine que le monde extérieur n'attire plus leur attention ou leur intérêt.

Le sommeil involontaire provient précisément de la perte de l'intérêt pour la situation présente, ce qui fait que les cellules corticales qui président à l'attention sont en repos. Ce repos déterminera alors une accumulation de substance chromatique et, par suite, le sommeil.

Dans le sommeil volontaire, c'est encore le désintérêt pour le monde extérieur qui détermine le sommeil. Dans ce cas, toutefois, ce désintérêt n'est pas spontané comme dans le sommeil involontaire ; c'est par notre volonté que nous l'acquérons, et cela en détournant notre pensée de toutes les représentations mentales qui nous intéressent, et en évitant tous les stimuli sensitifs qui excitent notre attention. L'immobilité, l'obscurité, le silence, la lecture d'un livre ennuyeux nous plongent facilement dans les bras de Morphée, parce qu'ils nous désintéressent et déterminent ainsi l'état de repos des cellules psychiques.

L'un des meilleurs moyens pour nous endormir volontairement, c'est de concentrer notre attention sur le sommeil même, ce qui, d'ailleurs, s'explique facilement si l'on considère qu'en dirigeant notre attention sur l'acte hypnique, nous la détournons de toute autre représentation mentale ; et que, l'attention sensibilisant toutes nos sensations, si nous la concentrons sur l'acte hypnique, elle réveille effectivement la sensation du sommeil, qui est, sans doute, le stimulus le plus efficace pour déterminer l'acte hypnique. Si nous dirigeons, en effet, notre attention sur un point quel qu'il soit de notre peau, nous éprouvons des sensations dont nous n'avions pas auparavant la perception. Chez les animaux, l'appétit sexuel s'éveille puissamment à la vue de la femelle ; l'appétit se fait sentir à l'heure des repas ou en présence d'un mets appétissant. Il en est de même du sommeil : cette sensation se produit souvent si, tout en n'étant guère fatigués, nous voyons un individu qui dort, ou bien, quand notre pendule nous rappelle que c'est l'heure habituelle de dormir. L'idée même du sommeil sensibilise la sensation spécifique de cette fonction de sorte que l'état de sommeil se produit avec plus de facilité.

§ 4. — Mécanisme du réveil.

Le réveil a lieu quand cessent les conditions qui ont déterminé le sommeil. Or, si la cause qui détermine l'état hypnique proprement dit est l'accumulation de la substance chromatique, le réveil aura lieu quand cette substance cesse de s'accumuler dans la cellule nerveuse, soit qu'elle se dissolve, soit qu'elle ne s'élabore plus dans son sein. Nous savons que la dissolution de la substance chromatique se joint toujours à l'état d'activité de la cellule nerveuse : il est donc compréhensible que le réveil peut être provoqué par tous les stimuli sensitifs qui parviennent à exciter la cellule nerveuse et à la mettre en état d'activité. Nous avons remarqué aussi que le réveil est provoqué surtout par les stimuli déterminant une réaction d'intérêt chez l'individu qui dort ; le réveil partiel et le réveil prémédité sont d'autant plus efficaces que le coefficient affectif ou le contenu émotionnel des stimuli est plus grand. Même notre sommeil le plus profond peut être brusquement interrompu par une sensation qui provoque en nous une légère émotion ou qui possède un intérêt spécial pour notre personnalité. Les émotions mêmes que l'on éprouve pendant le sommeil, peuvent causer le réveil. L'on peut aisément, d'ailleurs, se rendre compte de ces faits, en réfléchissant que les stimuli émotifs sont précisément ceux qui provoquent une plus grande réaction vasomotrice dans les centres nerveux. Mosso a démontré expérimentalement que l'émotion engendre une augmentation rapide de la vascularisation du cerveau, de son volume et de sa température. Par l'émotion se produisent, par conséquent, dans la cellule nerveuse, les conditions diamétralement opposées à celles qui provoquent le sommeil : les cellules plus vascularisées permettent, en effet, une augmentation considérable de la pression osmotique et, par suite, une plus grande absorption de la lymphe péricellulaire, laquelle ne se bornera pas à faire subitement disparaître l'état de déshydratation et à déterminer le retour de l'excitabilité nerveuse, mais favorisera aussi la dissolution de la substance chromatique. La rapidité du réveil correspond parfaitement à celle d'un acte vasomoteur se produisant dans le cerveau d'autant plus facilement que le degré d'émotion ou l'intérêt qui l'a provoqué sont plus grands. Je me suis encore demandé si l'émotion, qui exerce généralement une influence inhibitrice sur toutes les sécrétions, ne peut pas aussi inhiber la sécrétion chromatique ; cette hypothèse expliquerait non seulement l'insomnie, l'un des symptômes les plus caractéristiques de l'émotion, mais encore la veille même, qui est subordonnée à l'intérêt pour la situation présente, intérêt qui implique toujours un degré, quoique léger, d'émotion. Il est certain que plus l'intérêt augmente, plus la veille se prolonge, et que sa diminution coïncide précisément avec la perte de l'attention et avec la tendance au sommeil.

Nous devons enfin prendre en considération le réveil spontané, lequel, comme nous l'avons déjà dit, dépend de la diminution graduelle de l'activité hypnique, ce qui fait que le réveil peut être provoqué par les stimuli sensitifs les plus faibles et indistincts. Nous avons examiné le mécanisme par lequel la fonction hypnique tend à diminuer spontanément d'intensité. De même que les cellules nerveuses tombent dans le sommeil par l'accumulation progressive de la substance chromatique, de même le retour spontané de leur excitabilité dépend de la disparition de cette substance, ce qui aura lieu, soit par la diminution de son élaboration, soit par son élimination de la cellule. Or cette condition se vérifie précisément à la fin du sommeil physiologique, car c'est exactement dans cette période que très vraisemblablement s'épuise le processus chromatogénique.

Nous devons aussi présumer que la cellule corticale, pendant le sommeil qui représente pour elle un véritable état d'isolement, ne pouvant pas, à cause de sa dépression osmotique, assimiler du milieu extérieur les matériaux propres à sa nutrition, ait recours à sa substance de réserve, savoir aux éléments de Nissl, par un processus de digestion intracellulaire, jusqu'à ce que ces éléments, par la dépression fonctionnelle de la cellule, ne s'élaborent plus dans son sein. La cellule nerveuse, dépourvue ainsi complètement de ce matériel isolant, n'opposerait plus aucun obstacle à la transmission des stimuli sensitifs, tout légers qu'ils sont et l'on aurait le réveil apparemment spontané.

§ 5. — Mécanisme du sommeil partiel et de la veille partielle.

La théorie sécrétoire du sommeil peut nous donner aussi une explication très claire du *sommeil partiel*. Nous avons vu que les cellules nerveuses ne participent pas dans la même mesure au repos morphéique. Les songes, le réveil partiel, le réveil prémédité nous démontrent à l'évidence que certaines cellules peuvent conserver, pendant le sommeil, toute leur excitabilité et réactivité aux stimuli extérieurs et intérieurs. Or, la persistance de cette excitabilité peut s'expliquer parfaitement par l'hypothèse que ces cellules n'ont pas perdu leur sensibilité, leur ton émotionnel, et que cette émotion possède une action inhibitrice sur la fonction chromatique et, par suite, sur le sommeil. L'accumulation de la substance de Nissl, en effet, ne pourrait pas s'effectuer dans les éléments corticaux qui ne sont pas dans le repos, dans l'inactivité la plus absolue.

La théorie sécrétoire du sommeil peut éclaircir aussi le mécanisme de la *veille partielle*. Il faut que je justifie l'emploi de ces mots. La veille et le sommeil, tout en représentant deux états parfaitement antagonistes, ne sont pas séparés par une barrière infranchissable. On observe entre l'état de veille la plus complète et le sommeil le plus profond, des états de transition que nous ne devons pas négliger : nous remarquons très souvent la persistance de l'activité psychique pendant le sommeil (sommeil partiel), de même que la torpeur mentale caractérisant le sommeil, pendant la veille. Nous définissons ce dernier état *veille partielle*, car il signifie la condition parfaitement opposée au sommeil partiel. Dans ce dernier état, c'est la veille qui persiste dans le sommeil, tandis que dans la veille partielle, c'est le sommeil qui dénote sa présence dans la veille.

Le cas le plus démonstratif de la veille partielle nous est fourni par le sujet qui vient d'être réveillé pendant la phase la plus profonde de son sommeil ; on dit généralement *qu'il a encore sommeil*. Cette expression vulgaire, à mon avis, est très exacte, car elle signifie la persistance du sommeil dans la veille. Ce sujet, en effet, quoiqu'il ne dorme plus, présente tous les signes caractérisant le sommeil, savoir une diminution remarquable de l'attention, de la mémoire, de la sensibilité, et même un défaut de synthèses mentales, de la conscience du moi. Cet état d'obnubilation mentale ne peut guère se rapporter à l'inactivité simple des centres nerveux, car il est plus remarquable après les premières heures du sommeil, quand l'assoupissement atteint le maximum de sa profondeur, qu'au matin à la fin du sommeil ordinaire. On remarque, en outre, que cette torpeur psychique ne disparaît pas très rapidement après le réveil. Le plus souvent, un individu qui n'a dormi que deux heures, au lieu des sept ou huit heures habituelles, présente, pendant toute la journée, une diminution considérable de son activité psychique, c'est-à-dire un état de veille partielle.

Or, le mécanisme de cet état de transition entre le sommeil et la veille s'accorde parfaitement, à mon avis, avec la théorie sécrétoire : on peut supposer, en effet, que les cellules nerveuses corticales, surprises dans le sommeil très profond, ne puissent pas éliminer rapidement leurs produits de sécrétion et présentent toujours un obstacle à la transmission des stimuli psychiques. Le sommeil aussi, lorsqu'il envahit graduellement, le soir, notre cerveau, ne répond-il pas à l'idée d'une substance sécrétoire s'accumulant graduellement dans le protoplasme des cellules nerveuses ?

On voit donc que la théorie sécrétoire du sommeil éclaircit non seulement le mécanisme de la fonction hypnique et de la veille, mais celui aussi du sommeil partiel et de la veille partielle, c'est-à-dire qu'elle nous explique le mécanisme des états de transition existant entre la veille la plus absolue et le sommeil le plus profond.

§ 6. — Le centre de la veille et du réveil.

Avant de quitter l'étude du sommeil quotidien, nous devons résoudre une importante question. Existe-t-il un centre nerveux présidant à l'acte hypnique [1] ? La plu-

---

1. J'entends parler ici du *sommeil proprement dit* ayant son siège dans les cellules nerveuses et non point de la fonction hypnique. Il est bien évident que cette fonction essentiellement végétative qui a son origine dans le mouvement métabolique de tout l'organisme, ne

part des auteurs l'affirment. Raymond a exposé plusieurs faits qui tendraient à démontrer la possibilité d'un centre cérébral dont les lésions ont pour symptôme principal de s'accompagner d'un sommeil irrésistible. Dubois, Gayet et Wernicke fixent ce centre dans la substance grise du troisième ventricule et de l'aqueduc de Sylvius. Meissl aussi invoque l'existence d'un centre vasomoteur réflexe attentionnel déterminant le sommeil.

L'hypothèse d'un centre régulateur de l'acte hypnique est confirmée particulièrement par la considération que ce phénomène est précédé de modifications spéciales de notre activité psychique. Nous avons remarqué plusieurs fois dans notre ouvrage que la condition la plus favorable pour la détermination du sommeil consiste dans la perte de l'intérêt pour la situation présente, dans la perte de l'attention. Il est donc permis de supposer que le centre nerveux qui préside à l'intérêt pour le monde extérieur et à l'attention, a aussi un rapport spécial avec le sommeil. Or, s'il y a un centre cortical qui préside particulièrement au processus de l'intérêt pour le monde ambiant, à celui de l'attention, tel est, sans doute, le lobe frontal. Les lobes frontaux, écrit Bianchi, résument d'une part les produits des zones corticales sensorielles et motrices, de l'autre tous les états émotifs qui accompagnent nos perceptions. Ces lobes représentent, selon Belmondo, le siège des procès affectifs les plus élevés déterminant notre conduite : ils sont considérés par Bianchi et par Lugaro comme les régulateurs de notre personnalité. La puissance de la personnalité jaillit précisément des rapports de coordination, de subordination et de discipline entre les zones sensorielles. C'est, très vraisemblablement, dans les lobes antérieurs, qu'a lieu la coordination des souvenirs, des images, de l'association

peut pas être présidée par un centre nerveux spécifique et circonscrit. Un tel centre ne pourrait certainement pas avoir une influence spéciale sur l'élément toxique qui constitue la cause fondamentale de la fonction hypnique, ni sur la nutrition des cellules nerveuses. Il est très vraisemblable que le centre présidant à la fonction hypnique appartienne à la vie végétative et non à la vie de relation.

des mouvements, coordination indispensable au développement de l'attention, de nos synthèses mentales. La plupart
des psychologistes considèrent ainsi les lobes frontaux
comme les centres fondamentaux de l'attention (Ferrier,
Schönemann, Bianchi), de l'intérêt pour le monde extérieur,
de la conscience (Bianchi). Ces conclusions sont pleinement
confirmées par l'observation clinique. Il est rare qu'une
lésion des circonvolutions ne détermine pas un défaut
plus ou moins grand de l'attention. A. Starr a cité 23 cas
de tumeurs des lobes frontaux, et dans tous ces cas on remarquait la perte de l'attention. Albutt, Ferrier, Bianchi,
Mallins en ont signalé beaucoup d'autres présentant le
même symptôme. Les recherches expérimentales de Bianchi aboutissent à la même conclusion : tous les singes
mutilés des lobes frontaux ont présenté une forte diminution ou la perte de l'attention et de l'intérêt pour le
monde extérieur.

La clinique nous apprend aussi qu'il y a les plus intimes
rapports entre les altérations des lobes frontaux et les
troubles du sommeil. Il est notoire que les tumeurs résidant dans cette région, provoquent très fréquemment la
tendance au sommeil. Albutt et Ferrier placent ce symptôme
parmi les signes les plus caractéristiques des néoplasmes
à siège frontal. Cortesi a cité récemment une tumeur du
lobe préfrontal se joignant à un état de torpeur parfaitement similaire à la léthargie. La somnolence a été aussi
constatée dans les cas analogues décrits par Brissaud,
Souques, Oppenheimer, Eulemburg, Albutt, Raymond,
Schlesinger, Colella, Giannelli, Oppenheim, Devic, Cour-
mont, Kuznerow, Delahouse, etc. Le pigeon de Floureus
mutilé des lobes antérieurs dormait continuellement. Tous
ces faits nous démontrent clairement que les circonvolutions frontales exercent une action inhibitrice sur le sommeil, en tant qu'elles président à l'intérêt pour le monde
extérieur et à l'attention. La perte de ces activités psychiques, qu'on remarque dans les tumeurs frontales, détermine un défaut d'inhibition de l'acte hypnique, d'où la
tendance à s'endormir, la somnolence. Cette conclusion

se concilie parfaitement avec les expériences de Libertini, Oddi, Fano, Sciamanna nous démontrant que les lobes frontaux possèdent une action inhibitrice considérable sur l'activité réflexe. Nous ne devons pas alors nous étonner s'ils exercent une action semblable sur le sommeil, qui est certainement un acte réflexe. Il n'est pas rare, en effet, que la tendance continue au sommeil dans les tumeurs frontales s'accompagne de la perte d'inhibition d'autres activités réflexes, et que l'on remarque l'incontinence des urines, des fèces, etc.

Il serait toutefois très inexact d'affirmer, étant donné les rapports entre l'acte hypnique et la fonction des lobes frontaux, que ces lobes président au sommeil. Nos considérations nous portent, au contraire, à une conclusion tout à fait opposée, en nous démontrant que la fonction des lobes frontaux préside à des activités psychiques qui représentent la condition de la veille. Ces lobes répondent de quelque manière, à mon avis, au centre de la veille ou du réveil, admis récemment par Berillon, un centre dont la fonction spéciale est de nous maintenir éveillés.

Un état de conscience définissant la veille ne pourrait pas, d'ailleurs, subsister sans un centre qui résume, qui contrôle et qui coordonne le travail des zones sensorielles avec les produits des zones intellectuelles : la conscience ne pourrait subsister sans un centre d'association, de fusion de tous ces composants mentaux. Le centre d'association, écrit Heger, est le véritable atelier des opérations psychiques, le foyer de la conscience. Or, de tous les centres d'association, le centre antérieur ou lobe frontal est regardé, par tous les physiologistes, comme le plus important. Nous voyons donc que les propriétés des lobes frontaux répondent parfaitement à celles d'un centre présidant à la veille, au réveil. Le sommeil implique précisément le repos de ce centre, ainsi que l'affirme Bianchi.

CHAPITRE VIII

MÉCANISME DE LA LÉTHARGIE HIBERNALE
CHEZ LES MAMMIFÈRES.

La léthargie, nous l'avons vu, présente plusieurs points d'analogie remarquables avec le sommeil ; comme ce dernier phénomène, elle peut être regardée comme une fonction essentiellement physiologique et réparatrice pour l'organisme animal. De même que le sommeil quotidien, la léthargie présente les liens les plus étroits avec la fonction de certains organes glandulaires qui, par leur sécrétion interne, président au métabolisme organique : ainsi nous avons vu la corrélation intime entre la léthargie et la glande hibernale, qui est incontestablement un organe à sécrétion interne présidant à la nutrition de l'animal hibernant.

Si l'état de sommeil est en rapport avec celui de la veille précédente, il en est de même de la léthargie, car c'est dans la période qui précède le sommeil hibernal, c'est-à-dire en automne, que l'animal accumule son matériel de réserve, la graisse ; c'est à cette époque que la glande hibernale, cet important organe à sécrétion interne, augmente progressivement de poids, pour atteindre le maximum de son volume au commencement du sommeil. Nous voyons donc que la période précédant la léthargie constitue la phase préparatoire du long sommeil hibernal, de même que la veille peut être définie: la période préparatoire du sommeil quotidien.

Un fait seulement distingue cependant la léthargie du

sommeil quotidien, à savoir son extrême longueur et sa profondeur. Tandis que le sommeil quotidien physiologique est caractérisé par sa durée de quelques heures, par sa propriété d'être facilement interrompu par les stimuli sensitifs habituels, tels qu'un bruit, une lumière très vive ou un stimulus cutané, la léthargie, au contraire, dure de sept à huit mois, et lorsqu'elle a atteint sa plus grande profondeur, les stimuli susdits ne produisent pas le réveil ; les plus fortes détonations, les blessures et les amputations même ne parviennent pas à faire sortir les animaux de leur torpeur. Leur insensibilité ne peut être comparée qu'à celle que l'on remarque après la section de la moelle allongée, ou bien dans le sommeil chloroformique ou par la suspension de la circulation cérébrale. Pour expliquer le mécanisme de la léthargie, l'on a précisément invoqué l'idée d'une intoxication ou d'une anémie cérébrale. L'hypothèse qui éclaircit le mieux ce mécanisme est celle qui est affirmée par Saussy et Mangili, qui considèrent la léthargie comme se rapportant à un défaut de sang dans le cerveau : les recherches expérimentales de Serbelloni et de Saussy montrent, en effet, que le cerveau est extrêmement pâle pendant la léthargie et que ses vaisseaux artériels sont tout à fait dépourvus de sang.

Cette hypothèse n'est pas seulement confirmée par l'observation expérimentale, mais aussi par l'analogie parfaite existant entre la léthargie et l'état de dépression psychique que présentent les animaux lorsque la circulation cérébrale est interrompue. L'anémie cérébrale provoque effectivement la perte absolue de la conscience, la complète insensibilité cutanée tactile et dolorifique, qui est parfaitement analogue à celle que l'on remarque dans la léthargie. L'un des moyens encore en usage au Japon, et récemment proposé aussi chez nous, pour obtenir l'anesthésie chirurgicale, est celui de comprimer les carotides ; l'artère carotide est, en effet, appelée du russe *art. sonnaïa ou art. soporifera*, par la propriété qu'elle a de provoquer le sommeil. Nous croyons donc que l'anémie des centres nerveux, pendant la léthargie, suffit à expliquer par elle-même, sans recourir à d'autres interprétations, l'état de torpeur profonde que présentent les animaux hibernants.

Quelle est la cause de cette intense anémie cérébrale ?

Nous savons que, pendant la léthargie, tout le sang afflue de la périphérie aux organes abdominaux et surtout à la glande hibernale, qui s'étend le long du thorax, aux aisselles, à l'abdomen. Or, il est évident que cette congestion des viscères abdominaux provoque un état d'anémie relative en d'autres organes, parmi lesquels le cerveau. L'ischémie cérébrale, durant la léthargie, paraît être presque la condition exagérée de ce que l'on observe pendant la période digestive, qui implique, nous le savons, une hyperémie de l'estomac, du foie, etc., et une anémie relative du cerveau. De même, dans la léthargie, le sang afflue en abondance aux organes qui fonctionnent très activement, au cours de la léthargie, et surtout au foie et à la glande hibernale, en anémiant fortement les centres nerveux, d'où leur profonde dépression et leur torpeur prolongée. Le réveil se produit exactement lorsque la glande hibernale perd non seulement son abondante vascularisation, mais aussi sa structure folliculaire. Il est très compréhensible que le sang revienne alors à la périphérie et au cerveau, permettant ainsi le retour de la sensibilité et le réveil.

CHAPITRE IX

ORIGINE DU SOMMEIL QUOTIDIEN

L'origine du sommeil peut s'éclaircir parfaitement si l'on se rappelle l'exacte signification biologique que ce phénomène a pour notre organisme et les causes constituant le « primum movens » de la fonction hypnique. Si l'on se demande pourquoi les animaux se sont habitués, peu à peu, à rester assoupis le tiers de leur existence et à renoncer ainsi au travail utile de la veille, il sera logique de répondre qu'ils se sont endormis lorsque la prolongation de la veille leur devint nuisible. Nous savons, en effet, que si la veille se prolonge à l'excès, elle tue les animaux par les symptômes d'une grave intoxication se localisant surtout dans les centres nerveux. Nous avons déjà recherché l'origine d'une telle intoxication : elle provient des déchets du métabolisme organique qui, ne pouvant pas être complètement éliminés, s'accumulent graduellement dans l'organisme. Il est incontestable que cette intoxication ne s'effectuerait pas si les déchets toxiques de la combustion organique disparaissaient au fur et à mesure qu'ils se forment, si la réparation compensait exactement l'usure des tissus. Un animal présentant un métabolisme excessivement lent pourrait assurément vivre sans être intoxiqué et sans éprouver, par conséquent, le besoin de se reposer et de s'assoupir. L'idée de la vie, écrit très justement Claparède, n'implique aucunement l'idée de repos ou de sommeil ; la vie implique des phénomènes nutritifs, mais elle n'implique pas du tout des phénomènes de sommeil. Ce n'est donc pas l'activité vitale qui détermine le sommeil, mais c'est l'intoxication qui dérive de cette activité qui en est la cause. Nous pouvons donc inférer que le sommeil très probablement apparut lorsque la fabrication intra-organique des déchets n'a pas plus été compensée par leur élimination.

Ce cas s'est présenté, par conséquent, quand les besoins de l'animal ont exigé une activité intensive, une dépense de force très considérable, quand le métabolisme organique étant plus actif a déterminé une véritable intoxication de l'organisme. Cette hypothèse, écrit Claparède, est affermie par l'opinion générale faisant dériver le sommeil de la fatigue ; elle présente cependant une difficulté : si le sommeil a été engendré primitivement par l'épuisement, s'il est un état passif d'intoxication, de paralysie, comment cette *inertie passive* a-t-elle pu se transformer peu à peu en une activité positive, en une fonction ? C'est ce qu'il est bien difficile de se représenter (Claparède).

Notre conception du sommeil résout précisément cette difficulté, car elle invoque non seulement le concours de l'élément toxique, mais aussi celui de certains organes à sécrétion interne qui, par leur fonction anti-toxique et par leurs rapports intimes avec le métabolisme organique, sont étroitement liés à la fonction hypnique. Nous avons vu que le concours de cet élément intermédiaire est indispensable, si l'on veut se rendre compte du mécanisme du sommeil. Une intoxication ne pourrait nullement éclaircir, à elle seule, un phénomène de réparation tel que le sommeil ; des produits toxiques pourraient, il est vrai, atteindre les centres nerveux et en abolir l'énergie spécifique, en déterminant un sommeil toxique ou bien un état de torpeur parfaitement semblable au sommeil ; mais ce sommeil, cette torpeur se joindraient à la destruction des cellules nerveuses et non point à leur réintégration organique. Nous devons, au contraire, présumer que ces produits toxiques n'ont déterminé le sommeil, ce phénomène de nutrition et de désintoxication des centres nerveux, qu'après avoir engendré le développement des organes sécrétoires susdits, lesquels, nous l'avons vu, servent précisément à la défense de l'organisme contre les intoxications et président, par leur sécrétion interne, au mouvement nourricier de tout l'organisme. Or, puisque leur fonction est essentiellement anti-toxique, il nous est permis de supposer que leur formation s'est effectuée graduellement dans les organismes qui, par leur vie très intensive, n'ont pu complètement éliminer les déchets de leur métabolisme. Leur formation représente précisément un phénomène d'adaptation de l'organisme aux nouvelles conditions. Le Dantec écrit que lorsque ces conditions subissent un changement, l'animal succombe ou bien l'organisme s'adapte aux nouvelles conditions, en subissant une transformation correspondante à leur changement, ce qui fera que des fonctions différentes définiront des organes différents : cette fonction s'accomplissant maintes fois de suite, l'organe qui en a été défini, s'installera peu à peu dans la structure de l'individu, et la fonction se répétera par un mécanisme instinctif.

De même qu'un tel mécanisme explique l'origine de toutes nos fonctions, il éclaircit aussi l'origine du sommeil, qui est également une activité positive, une fonction de réparation pour nos centres nerveux. Nous pouvons donc considérer le sommeil comme un phénomène d'adaptation qui s'est développé dans la lutte pour l'existence (Brunelli). Cette fonction, caractérisée par le ralentissement des échanges organiques et de la vie animale, représente précisément un phénomène de défense, de réaction de l'organisme contre un métabolisme trop actif et contre les intoxications provenant d'une vie trop intensive. De même que tout organisme qui accomplit un travail déterminé a besoin d'une période de repos réparateur relatif pour pouvoir regagner l'énergie qu'il a perdue, de même le sommeil quotidien représente le repos réel de l'organisme, caractérisé par un processus régénératif intensif conséquent à une vie trop active et intensive.

CHAPITRE X

L'ORIGINE DE LA LÉTHARGIE HIBERNALE

Plusieurs conceptions ont été proposées pour éclaircir l'origine de la léthargie. Brunelli admet qu'elle est « une acquisition graduelle due à l'habitude contractée par certains mammifères de passer l'hiver dans une cachette où ils ont amassé leurs provisions. Ce n'est point parce qu'il doit dormir que l'animal se cache, mais il dort, au contraire, par suite de l'habitude de se cacher ».

Claparède admet aussi cette origine du sommeil hibernal :

Instinct de l'approvisionnement et du refuge	Immobilité Monotonie Obscurité	Sommeil ordinaire. Sommeil hibernal.

D'autres auteurs attribuent au froid l'origine de la léthargie, d'autres encore au défaut de nourriture.

Ces explications n'éclaircissent pas, à mon avis, l'origine de cet intéressant phénomène. Il est certain que l'immobilité des animaux dans leurs cachettes, la monotonie des sensations, l'absence de ces sensations doivent avoir favorisé le déclanchement de la léthargie, de même qu'elles facilitent et prolongent le sommeil quotidien. L'on ne peut cependant pas rechercher l'origine de la léthargie en étudiant les actes psychiques instinctifs qui précèdent ce phénomène. Il ne faut pas oublier que la léthargie, de même que le sommeil quotidien, doit être regardée comme une fonction qui se révèle, il est vrai, dans l'état léthargique proprement dit, mais qui se prépare aussi au cours de la veille précédente. C'est dans cette période que se réalisent les conditions qui ensuite détermineront le sommeil hibernal. D'ailleurs, il serait malaisé de se rendre compte de tous les actes psychiques instinctifs préléthargiques, sans admettre une disposition spéciale, un certain état interne de l'organisme qui leur donne l'origine. Dans la plupart des cas, écrit Claparède, on peut démontrer que la manifestation d'un instinct implique l'existence de certains facteurs internes (état du sang, sécrétion des glandes sexuelles, etc.), qui coopèrent avec le stimulus sensoriel, pour provoquer l'action. C'est cet état, cette disposition interne qui constitue, nous l'avons déjà dit, un des caractères fondamentaux de l'instinct.

Par conséquent, quand on veut trouver l'origine de ces actes instinctifs, il est logique de remonter à l'examen de l'état interne, des conditions internes de l'organisme dans la période qui précède la léthargie. Cet examen nous révèle maintenant des faits d'une grande importance. Nous remarquons que les animaux hibernants, avant de s'endormir, sont généralement très gras ; leur obésité est presque une condition fondamentale pour le déclanchement de la léthargie, car il est rare que les animaux s'endorment sans avoir d'abord accumulé une quantité considérable de graisse : l'on remarque également que la léthargie des animaux non engraissés est généralement légère. L'importance de l'obésité est telle que quelques auteurs (Foucault, Forel) ont admis qu'elle est la cause de la léthargie.

L'état interne de l'animal nous révèle aussi la présence d'un organe à sécrétion interne, savoir de la glande hibernale, qui, avant la léthargie, atteint le maximum de son volume. La coïncidence de l'obésité avec le développement de cet organe n'est certes pas casuelle, si l'on se souvient des rapports intimes entre la fonction des organes à sécrétion interne et l'adipogénie. La clinique nous signale chaque jour des cas d'obésité prononcée qu'il est bien difficile d'attribuer à l'hyperalimentation ou à la vie sédentaire, et qui présentent une étroite relation avec les troubles fonctionnels de certaines glandes à sécrétion interne (hypophyse, thyroïde, gl. pinéale). Cela nous porte à croire que l'obésité que l'on remarque chez les animaux hibernants avant la léthargie, est en rapport avec l'accroissement progressif de la glande hibernale, de cet organe à sécrétion interne qui, avec toute probabilité, ne préside pas seulement à l'hypernutrition de l'animal léthargique, mais représente aussi l'organe le plus essentiel pour la léthargie elle-même : nous admettons, en effet, que son hyperémie favorise, pendant le sommeil, l'anémie des centres nerveux et leur profonde dépression.

Quelles sont les conditions déterminant la formation de la glande hibernale ? Nous devons présumer que cet organe s'est développé chez les animaux d'une façon graduelle et en rapport avec leur nutrition, c'est-à-dire lorsque les produits régressifs dérivant d'un métabolisme trop actif non seulement ont excité l'activité fonctionnelle des glandes à sécrétion interne qui président d'ordinaire à la nutrition, mais qu'ils ont requis aussi le concours de nouveaux organes propres à suppléer à la fonction insuffisante des premiers : la répétition prolongée de ces conditions expliquerait, en outre, la raison par laquelle ces organes nouveaux se sont progressivement fixés dans l'espèce, par le principe désormais établi que la fonction fait l'organe. L'origine de la léthargie serait ainsi analogue à celle du sommeil quotidien. De même que ce dernier phénomène provient de la vie trop intensive, d'un métabolisme trop actif, de même l'origine de la léthargie serait en rapport direct avec l'hypernutrition des animaux dans la période préléthargique, lorsqu'ils se nourrissent abondamment en vue de lutter contre l'inanition des mois d'hiver.

CHAPITRE XI

LE SOMMEIL PATHOLOGIQUE : SON ÉTIOLOGIE ET SON MÉCANISME PATHOGÉNIQUE

Une théorie biologique du sommeil ne serait certes pas à la hauteur de sa tâche, si elle se bornait à éclaircir le mécanisme de cette fonction dans son expression physiologique et ne prenait pas en considération les troubles hypniques, qui bien souvent ne représentent qu'une simple modification de la fonction hypnique.

Les troubles du sommeil que nous allons examiner, sont :

1° La tendance au sommeil ;

2° La narcolepsie ;

3° L'augmentation du sommeil « hypersomnie » ;

4° La perturbation du sommeil « parasomnie ou dyssomnie » ;

5° La diminution du sommeil « hyposomnie ».

6° L'insomnie.

§ 1. — La tendance au sommeil.

On appelle généralement « somnolence » tantôt la tendance continue à s'endormir, tantôt l'augmentation du sommeil. En fait, les deux troubles coïncident le plus souvent : un individu atteint d'une augmentation réelle du sommeil, éprouve très souvent le besoin de s'endormir. Mais il n'en est pas toujours ainsi ; nous observons beaucoup de

patients qui ont la tendance continue à s'assoupir, tout
en ne présentant pas une hypersomnie réelle: leur sommeil
est, au contraire, très léger et pourrait être défini un simple assoupissement plutôt qu'un sommeil véritable ; ces
sujets se réveillent aux bruits les plus faibles, pour s'assoupir de nouveau après quelques instants ; ils se plaignent
de ne pas jouir d'un sommeil complet, réparateur ; il n'est
pas rare aussi qu'ils souffrent réellement d'insomnie, et que
la tendance au sommeil soit l'expression du besoin de dormir non satisfait. Un sujet anémique, par exemple, a très
souvent la tendance à s'endormir ; cependant, son sommeil
est très léger et très court. Les vieillards présentent aussi
parfois un état de somnolence continue : ils s'endorment
pendant la conversation, pendant les repas. Il serait cependant très inexact d'affirmer que leur somnolence est due à
l'hyperfonction hypnique, car nous n'ignorons pas que le
sommeil diminue d'intensité pendant la vieillesse: les vieillards dorment d'ordinaire très peu durant la nuit, et leur
sommeil est généralement très superficiel. La somnolence
en question ne peut donc pas se rapporter à l'augmentation
de la fonction hypnique. Nous la définissons *une incontinence du sommeil*, car elle présente une analogie remarquable avec l'incontinence de la miction. En fait, les deux
symptômes ont d'ordinaire la même étiologie. Nous avons
déjà vu que le sommeil et la miction sont deux activités
réflexes de sécrétion se produisant indépendamment de la
volonté, quand les centres corticaux qui exercent normalement une action inhibitrice sur les activités susdites,
sont déprimés dans leur activité. L'incontinence du sommeil ainsi que l'énurésie sont, en effet, très fréquentes chez
les vieillards, chez les idiots et dans les affections cérébrales, par un défaut d'inhibition corticale. Le sommeil et
la miction sont également involontaires chez les nouveau-
nés et deviennent seulement volontaires avec l'augmentation graduelle de l'énergie psychique.

L'on remarque surtout l'incontinence hypnique chez les
sujets présentant une dépression remarquable des centres
nerveux qui président à l'intérêt pour le monde extérieur,

à l'attention, à la volonté. La tendance au sommeil est, pour telle raison, classée parmi les symptômes les plus caractéristiques des tumeurs des lobes frontaux; ce sont ces tumeurs qui, le plus souvent, déterminent la perte de l'attention et de l'intérêt pour le monde extérieur, c'est-à-dire la perte des facultés psychiques qui président à la veille.

L'anémie cérébrale aussi est accompagnée très fréquemment de la tendance au sommeil; ce qui s'explique parfaitement, si l'on réfléchit qu'un faible degré d'anémie détermine une dépression remarquable de l'énergie psychique, de l'attention : les cellules corticales déprimées alors dans leur activité ne pourront plus dissoudre les corpuscules de Nissl et empêcher leur accumulation dans le protoplasme cellulaire. On sait d'ailleurs qu'un degré faible d'anémie n'apporte aucune altération importante dans la substance chromatophile [1]. La « somnolence post prandium » peut également se rapporter à l'anémie cérébrale dépendant de l'hyperémie gastro-hépatique qu'on remarque pendant la digestion (Durham, Becker, Holland). La somnolence post prandium est d'autant plus accentuée que le souper a été plus abondant et de digestion difficile. Ce sommeil est favorisé particulièrement par toutes les causes propres à augmenter l'intensité de la fonction hypnique, telles que l'abus des boissons alcooliques, les intoxications d'origine gastro-intestinale, hépatique, etc.

Nous allons parler maintenant de la narcolepsie, qui présente une analogie remarquable avec la tendance au sommeil.

§ 2. — Narcolepsie (ναρκωσις **somnolence**; λαμβαν **saisir**).

Gelineau définit la narcolepsie « un besoin subit et irrésistible de dormir survenant en dehors du moment habituel

---

1. Munzer et Wiener n'ont observé aucune altération dans la substance de Nissl, pendant les premières six heures après, l'occlusion complète des vaisseaux cérébraux. Marinesco a constaté, dans les mêmes expériences, une tuméfaction initiale des éléments chromatophiles.

du repos, par accès fréquents et de courte durée. » Le sommeil de ces attaques, écrit Samain, conserve tous les caractères du sommeil normal et se reproduit sous l'influence de causes occasionnelles, variables, mais qui se rapprochent des causes habituelles du sommeil physiologique. Les patients ont la sensation caractéristique de l'appétit du sommeil ; ils sentent d'ordinaire qu'ils vont s'endormir ; ils éprouvent du picotement aux paupières, qui se ferment, malgré les efforts que les sujets font pour rester éveillés. On observe dans les paroxysmes de sommeil la suspension de la motilité et la résolution musculaire complète. La sensibilité est affaiblie ; on remarque un ralentissement sensible de la circulation et de la respiration. La figure est calme et ne présente aucun changement de couleur. Les malades réveillés ont la conscience d'avoir dormi, ils éprouvent une sensation de bien-être comme après un long repos. La description de ces attaques suffit à différencier la narcolepsie des crises hystériques et épileptiques. La *pseudo-narcolepsie hystérique*, décrite par Parmentier, Armingaud, Richer et d'autres auteurs, n'est pas précédée de la sensation du sommeil : elle consiste simplement dans la perte subitanée de la conscience, pendant laquelle, les malades lâchent tout ce qu'ils tiennent à la main ; parfois ils tombent, se blessent ; ils perdent complètement la sensibilité subjective et objective, tandis qu'ils se réveillent promptement à la pression d'une zone hystérogène, des ovaires, etc. Ces accès n'ont donc rien à voir avec la narcolepsie : ce sont seulement des crises hystériques qui s'améliorent ordinairement par la suggestion et par l'isolement psychique.

L'on doit nettement distinguer la narcolepsie des *attaques frustes d'épilepsie*, caractérisées par des crises de sommeil ; elles ont été décrites par Mendel, Westphal, Fisher, Jacoby, etc. Ces attaques présentent généralement des spasmes musculaires, l'incontinence d'urine, parfois la fermeture spasmodique de la glotte, ce qui n'est pas dans la narcolepsie ; les sujets perdent complètement la mémoire de leur attaque et s'améliorent par les bromures. Ces attaques représentent bien souvent un équivalent de l'accès comitial, de même que la pseudo-narcolepsie hystérique n'est qu'un épisode de la grande névrose.

La distinction entre les accès hystériques, épileptiques et la narcolepsie est d'autant plus importante, si l'on considère qu'on observe cette affection avec la plus grande fréquence dans l'hystérie et dans l'épilepsie, et que les accès de sommeil s'alternent très souvent avec les manifestations les plus caractéristiques de ces névroses. En fait, les premiers cas de narcolepsie ont été signalés surtout dans l'hystérie. Bouland dit qu'il a constaté plusieurs fois, dans cette affection, des accès de sommeil pur et simple avec tous les caractères du sommeil physiologique. Oppenheim admet l'origine hystérique dans plusieurs cas de narcolepsie. Les attaques de sommeil sont aussi très fréquentes dans l'épilepsie. Féré, dans un important article, a démontré l'analogie intime que les accès de narcolepsie présentent avec l'épilepsie. Ce qui caractérise, en effet, la narcolepsie est l'instantanéité de l'attaque : les malades sont surpris par le besoin impérieux de dormir avec la même rapidité que l'on observe dans l'attaque comitiale. Le garçon de Lasègue s'endormait subitement au milieu d'une phrase ou pendant qu'il portait un panier de cristaux sur l'épaule. La durée des accès est généralement très courte, parfois de quinze à vingt secondes ou de quelques minutes tout au plus. Les patients, après leur sommeil, sont capables de reprendre tout de suite leurs occupations. La fréquence de ces crises est parfois excessive : chez le malade de Gelineau, on en a compté jusqu'à 200 par jour. La fréquence des attaques de sommeil, observe Samain, est en raison inverse de leur durée.

La cause déterminante des crises de narcolepsie est, selon Gelineau, une *exhaustibilité paroxystique du système nerveux* ». L'affection se joint d'ordinaire à la dépression de la motilité, de la volonté et s'améliore généralement par un traitement propre à augmenter l'énergie psychique et musculaire, savoir par l'hydrothérapie, l'électrothérapie, le grand air, les exercices musculaires, le changement de milieu, etc. Parmi les causes qui particulièrement affaiblissent l'énergie psychique et déterminent la narcolepsie, on doit citer *l'émotion*, ainsi qu'il a été constaté dans les cas de Gelineau, Legrand, Raymond, Longe, Zelzer. Le malade de Gelineau, toutes les fois qu'il éprouvait une petite émotion, même agréable, qu'il entendait, par exemple, raconter une histoire diabolique, ou assistait au théâtre à quelque bouffonnerie, se sentait subitement envahi par le sommeil et s'endormait un instant. Un second cas, décrit par le même auteur, s'assoupissait à chaque moment par suite de la moindre émotion, en mangeant, en jouant, etc.; s'il allait au théâtre, il s'endormait en y entrant; quand il parlait avec des amis, il s'affaissait et dormait tout de suite; si l'émotion était plus profonde, le besoin était plus impérieux. Dans les cas décrits par Camuset et par Gowers, les sujets s'endormaient après des émotions chirurgicales. Le patient de Gowers tombait dans un sommeil profond chaque fois qu'on lui introduisait une sonde dans le nez. Les crises de narcolepsie constituent un symptôme fréquent dans la neurasthénie, dans l'hystérie, c'est-à-dire dans les affections caractérisées par un épuisement très facile de l'énergie nerveuse.

Barret, Frome Young, Scharp, Priester, Witpham ont remarqué des accès de narcolepsie après *l'influenza*, et nous savons bien que cette maladie détermine très souvent une dépression sensible de l'activité nerveuse.

L'exhaustibilité des centres nerveux paraît donc être la cause déterminante des crises de narcolepsie, ainsi qu'elle constitue la cause la plus fréquente de la tendance au sommeil : dans les deux cas c'est toujours le défaut d'inhibition corticale qui favorise le déclanchement immédiat de l'acte hypnique. Les attaques narcoleptiques représentent la forme paroxystique de la tendance ou de l'incontinence du sommeil, et nous pourrions bien les définir « *une incontinence paroxystique du sommeil* ». La narcolepsie, en effet, présente avec l'incontinence de la miction une stricte analogie. Les crises de sommeil décrites par Gelineau ne sont-elles pas parfaitement analogues

à l'énurésie que certains sujets présentent par suite des
émotions les plus faibles, lorsqu'ils rient, pleurent ou dan-
sent? De même que nous avons établi une distinction entre
la tendance au sommeil et l'hypersomnie, de même il faut
distinguer les attaques de sommeil dues à l'augmentation
réelle de la fonction hypnique des crises de narcolepsie,
qui s'associent parfois à la diminution du sommeil et à l'insomnie. La narcolepsie et la somnolence présentent avec
l'hypersomnie le même rapport qu'on a observé entre l'incontinence de la miction et la polyurie. La polyurie dépend
de l'hypersécrétion rénale, tandis que l'incontinence d'urine
révèle simplement la dépression des centres nerveux inhibitoires de la miction. Ainsi la cause de la narcolepsie
consiste plus fréquemment dans la perte soudaine de l'action inhibitrice corticale, plutôt que dans l'hyperactivité de
la fonction hypnique. On observe, en effet, l'insomnie
dans les cas décrits par Samain, Jacoby, etc.

Les accès de sommeil sont très souvent la simple expression de la fatigue ou de l'épuisement cérébral : ils ont été
remarqués après des efforts musculaires, les contractions
utérines (Depaul), les excès vénériens (Féré, Legrand, Morton, Ballet, Cappie), après la fatigue produite par une attention excessive, ou même après un simple retard du repas
(Féré). Le narcoleptique de Debove présentait une fatigue
cérébrale à chaque moment.

Quelle est la cause de cette méïopragie paroxystique
corticale? Furet, dans sa thèse sur la narcolepsie, soutient
que cette affection doit être considérée comme un symptôme d'auto-intoxication. En fait, des attaques de sommeil
ont été citées par Caton, Robin, Lamacq, Furet et d'autres
auteurs dans les intoxications gastro-intestinales, par Levi
et Bouland dans l'intoxication hépatique, par Ballet dans
le diabète et dans l'obésité. Tous ces cas s'améliorèrent
souvent par un régime alimentaire spécial, par la diète
lactée, etc.

Féré, au contraire, en tenant compte de la coïncidence
remarquable des crises de narcolepsie avec les attaques
d'épilepsie, d'inconscience ou de migraine, admet pour ces

affections le même mécanisme pathogénique ; il soutient
que les attaques narcoleptiques, de même que les crises comitiales,sont dues à une anémie subitanée du cerveau. Cette
conception avait déjà été émise par Gelineau, qui constata
pendant les accès une vaso-constriction du fond oculaire. A
l'appui de cette hypothèse, l'on remarque que les attaques
narcoleptiques sont parfois précédées ou accompagnées de
vertiges (Féré, Porter), caractérisant l'ischémie cérébrale,
et qu'elles ont été souvent observées pendant la digestion
qui, on le sait, détermine une anémie relative du cerveau.
La conception de Gelineau et de Féré pourrait, d'ailleurs, se
concilier parfaitement avec l'origine toxique de cette affection affirmée par Furet, si l'on admet que les accès de narcolepsie sont dus, ainsi que les attaques comitiales, à une
constriction spasmodique des petits vaisseaux corticaux
dépendant de stimuli toxiques. On sait d'ailleurs que l'intoxication est une des causes les plus fréquentes de la dépression nerveuse, de la méïopragie corticale, qui a été
indiquée comme la condition fondamentale de la narcolepsie. Bernheim, dans un article très intéressant de la *Revue
de médecine* (1909), conclut que la neurasthénie et la psy-
cho-neurasthénie sont des états toxi-infectieux liés le plus
souvent à une dyscrasie auto-toxique constitutionnelle et
greffés sur une diathèse héréditaire native qui suffit à les
réaliser. On comprendra ainsi facilement que les crises de
narcolepsie, caractérisées par l'exhaustibilité subitanée des
centres nerveux, se manifestent avec une fréquence toute
spéciale dans les névroses susdites, et s'améliorent par les
médicaments propres à éliminer les causes toxiques et à
augmenter l'énergie déprimée des centres corticaux.

L'intervention de l'élément toxique dans la narcolepsie
explique particulièrement la pathogénie des cas caractérisés par des crises hypniques très prolongées dépendant
d'une véritable augmentation du sommeil, de l'hypersomnie. Nous verrons, en effet, dans le prochain chapitre, que
l'intoxication représente la cause la plus fréquente de l'hypersomnie.

§ 3. — L'hypersomnie.

L'hypersomnie dépend généralement de l'augmentation des mêmes causes qui déterminent le sommeil physiologique. Nous avons vu que la cause initiale de la fonction hypnique consiste dans l'intoxication due aux déchets de notre métabolisme : de même, la cause la plus fréquente de l'hypersomnie consiste dans l'intoxication. L'on remarque pourtant que le mécanisme de leur action est bien différent de celui que nous avons décrit à propos du sommeil normal. Dans ce phénomène, en effet, les déchets toxiques, à moins qu'ils ne soient trop abondants, ne pénètrent pas directement dans les centres nerveux ; ils sont, au contraire, complètement neutralisés par la fonction antitoxique d'organes spéciaux à sécrétion interne présidant à la défense et à la nutrition des éléments nerveux. Le sommeil quotidien n'aurait certes pas sa plasticité, son caractère d'adaptation, si ces substances toxiques atteignaient directement les éléments nerveux. L'intoxication agit ainsi sur la fonction hypnique, d'une façon indirecte. Supposons maintenant que cette intoxication soit plus intense : elle déterminera d'abord l'hyperfonction de l'hypophyse ou d'autres organes à sécrétion interne et, par suite, une simple hyperactivité du sommeil normal ; il arrivera pourtant que ces organes antitoxiques deviendront insuffisants à neutraliser les substances toxiques circulant dans le torrent sanguin, et que celles-ci atteignent directement les cellules corticales. Or, on sait, d'après les nombreuses expériences que nous avons citées dans les chapitres précédents, que les cellules nerveuses réagissent aux intoxications, d'abord par la tuméfaction, à savoir par l'hyperfonction des éléments chromatophiles, et ensuite par leur dissolution. Il est alors bien compréhensible qu'une intoxication très légère pénétrant dans les centres nerveux détermine une hypersécrétion chromatique et une hypersomnie toxique, tandis qu'une intoxication plus grave cause la chromatolyse et l'insomnie. On pourrait ainsi conclure que la condition la plus favorable pour la détermination de l'hypersomnie est représentée par une *intoxication atténuée*.

La clinique répond parfaitement à cette idée, en nous apprenant que l'hypersomnie est un symptôme très caractéristique des intoxications lentes, des intoxications, en particulier, qui s'accompagnent de l'hyperfonction de l'hypophyse. Or, du moment que cette glande possède positivement une fonction antitoxique très remarquable pour les centres nerveux, il est légitime de supposer que les intoxications atteignant le cerveau sont atténuées par l'intervention active de l'hypophyse. Cette glande, à son tour, par son hyperactivité aurait une action excitante sur la nutrition des cellules nerveuses et, par suite, sur le sommeil. On expliquerait parfaitement, par cette hypothèse, la coïncidence trés fréquente de l'hypersomnie avec l'hyperfonction de l'hypophyse dans plusieurs intoxications.

L'hypersomnie est décrite parmi les signes les plus caractéristiques de *l'insuffisance thyroïdienne très légère* (Briquet, Lorand, Levi, Rothschild) : elle peut survenir indépendamment des signes propres à la cachexie strumiprive. Un chirurgien distingué me dit avoir opéré une femme de thyroïdectomie partielle et avoir constaté que la malade, même ne présentant aucun des symptômes myxœdémateux, resta somnolente, pendant quelques mois : elle dormait toute la journée et toute la nuit. J'ai observé moi-même une femme qui devint obèse et très somnolente après une maladie infectieuse. Je soupçonnais que ces troubles dépendaient d'une insuffisance très légère de la thyroïde et je prescrivais le traitement thyroïdien. Ma diagnose était exacte, car la malade après quelques semaines s'était considérablement améliorée : elle ne dormait plus pendant la journée ; on observait un amaigrissement considérable ; l'obésité et l'hypersomnie se manifestèrent de nouveau après la suspension du traitement thyroïdien.

Les myxœdémateux sont généralement apathiques et présentent parfois de véritables accès de narcolepsie (Caffe). On remarque quelquefois que la somnolence du myxœdème est suivie de l'insomnie, qu'on doit probablement attribuer à l'épuisement fonctionnel de l'hypophyse après son hyperactivité, et à l'intoxication secondaire très grave des centres nerveux. Dans le cas de myxœdème décrit par Ponfick, on observait, dans la dernière période de l'affection, l'insomnie rebelle même à la morphine ; nous avons déjà dit que l'autopsie fit constater l'insuffisance fonctionnelle absolue de l'hypophyse.

Très souvent l'hypersomnie a son origine dans *l'insuffisance ou dans la perturbation fonctionnelle des glandes génitales* (ovaires, testicules). Une augmentation insolite du sommeil constitue un des symptômes initiaux de la *grossesse* et précède parfois la suspension même des règles.

La *ménopause* se joint d'ordinaire à l'augmentation du sommeil et à l'obésité. Féré cite un cas de neurasthénie sexuelle, qui, après le coït, présenta un accès très prolongé de sommeil et resta somnolent pendant longtemps.

Parmi les causes les plus fréquentes de l'hypersomnie, nous ne devons pas oublier *l'insuffisance fonctionnelle de l'hypophyse*. Il n'est certes pas en contradiction avec notre théorie que l'hypersomnie se joigne tantôt à l'insuffisance de la fonction hypophysaire, tantôt à son hyperfonction. Ce qui détermine, en effet, le plus souvent l'hypersomnie morbide — que nous devons bien distinguer d'une faible augmentation du sommeil, purement physiologique — c'est une intoxication atténuée, quelle que soit son origine, qui va atteindre directement les cellules nerveuses. Il est bien explicable alors que cette intoxication peut dépendre soit d'une altération initiale de l'hypophyse, d'une altération propre à déterminer une insuffisance très faible de sa fonction antitoxique, soit d'une intoxication d'origine différente, envahissant les centres nerveux et qui est atténuée par l'hyperfonction antitoxique hypophysaire. Nous aurons dans les deux cas, une intoxication atténuée des éléments nerveux et une hypersécrétion chromatique, ce qui constitue précisément la condition la plus favorable pour la production de l'hypersomnie. La clinique nous démontre pourtant l'hypersomnie dépendant de l'insuffisance hypophysaire est remarquée seulement dans les cas où la glande révèle une hypofonction très faible, par exemple, dans les tumeurs qui ne sont pas complètement dégénérées, dans la sclérose initiale, dans la simple compression glandulaire ; car, si son insuffisance fonctionnelle était absolue, l'intoxication ne serait pas du tout légère ; elle serait, au contraire, très grave et déterminerait les altérations les plus profondes des cellules nerveuses, la chromatolyse et, par suite, l'insomnie. Ce symptôme, en effet, est très souvent en rapport avec l'atrophie complète, les abcès ou la des-truction de l'hypophyse.

L'hypersomnie est un symptôme fréquent dans les *intoxications lentes d'origine gastrique, intestinale, hépatique, rénale.*

Il n'est pas rare qu'une augmentation inexplicable du sommeil ainsi que l'obésité dépendent d'une dyspepsie intestinale et disparaissent par le simple régime alimentaire. Un des symptômes les plus caractéristiques de l'intoxication hépatique, c'est l'augmentation du sommeil. L. Levi en a décrit plusieurs cas. Bouland a constaté des accès prolongés de sommeil en rapport avec une congestion ou des coliques hépatiques.

L'obésité et le diabète se joignent souvent à une hypersomnie d'origine toxique qui s'améliore par le traitement alimentaire.

L'intoxication alcoolique aiguë provoque ordinairement une augmentation remarquable du sommeil, de même qu'elle détermine l'hyperactivité de la plupart de nos fonc-tions sécrétoires, telles que l'hypersécrétion gastrique, rénale, sudorale, etc.

L'hypersomnie est observée fréquemment dans certaines intoxications d'origine infectieuse. *L'influenza* est accompagnée d'habitude d'une augmentation considérable du sommeil, qui est parfois suivie, dans la convalescence, de l'hyposomnie et l'insomnie.

La *méningite tuberculeuse* se joint aussi très souvent à un état d'extrême somnolence, ce qui est, parfois, le seul symptôme de l'affection. Nous avons déjà cité les cas décrits par Lesage et Abrami : chez ces sujets, le symptôme initial a été représenté par des attaques inexplicables de sommeil ; plus tard le sommeil devint continu, et apparurent les signes les plus caractéristiques de l'affection méningée, savoir l'amaigrissement, la céphalée, le vomissement, l'instabilité du pouls.

L'hypersomnie est remarquée souvent dans la *syphilis cérébrale*. Arkle, Buzzard, d'Orsay Schlecht ont cité des crises de narcolepsie chez les syphilitiques. Matas rappelle le cas de Paz de somnolence continue qui, selon toutes les probabilités, était secondaire à la syphilis.

Le cas analogue de Loweland et Marlow, que nous avons déjà cité, présentait des accès de sommeil, l'obésité, l'hémianopsie, c'est-à-dire le syndrome propre aux tumeurs hypophysaires, et guéri par la cure mercurielle.

L'hypersomnie dans les tumeurs cérébrales représente un des chapitres les plus intéressants de la neuropathologie.

Malheureusement, dans la description de leur cas, les auteurs ne font pas toujours une distinction entre l'augmentation réelle du sommeil et l'état de torpeur ou de somnolence que l'on remarque plus ou moins dans toutes les affections cérébrales, lorsqu'elles déterminent une compression ou une altération profonde des cellules nerveuses. Soca admet qu'il est bien rare d'observer une véritable hypersomnie dans les néoplasmes cérébraux. Schuster, qui recueillit un nombre bien considérable de ces cas, n'a trouvé que fort rarement la description de ce symptôme.

L'hypersomnie est particulièrement observée dans les tumeurs de la base cranienne, de l'hypophyse, du troisième ventricule, de l'infundibulum. Notre thèse, établissant un rapport intime entre la fonction hypophysaire et le sommeil, éclaircit parfaitement l'hypersomnie non seulement dans les tumeurs hypophysaires, mais aussi dans les néoplasmes résidant près de la glande susdite, par exemple, dans l'infundibulum, dans le plancher du troisième ventricule, dans le chiasma. On sait que le lobe postérieur de l'hypophyse est immédiatement contigu au plancher ventriculaire. Ramon y Cajal, Savagnone ont décrit des fibres

nerveuses qui, partant du lobe nerveux pituitaire, se dirigent vers le bulbe, après avoir traversé les parois du
troisième ventricule et l'infundibulum. On conçoit ainsi que
les tumeurs résidant dans cette région, en tant qu'elles
compriment ces fibres nerveuses, peuvent constituer une
source d'excitation pour l'hypophyse et déterminer sa perturbation sécrétoire. Du moment qu'on a établi des zones
cérébrales dont l'excitation provoque l'hypersécrétion
thyroïdienne, rénale, sudorale et glycogénique, on ne peut
certainement pas nier l'existence d'un centre nerveux qui
préside à la sécrétion hypophysaire. Il est, au contraire,
très probable que ce centre se trouve à la base cérébrale,
et, peut-être, près du plancher du troisième ventricule. Cette
hypothèse se concilierait avec le fait que les tumeurs ayant
leur siège dans cette région présentent avec une fréquence
toute particulière les mêmes symptômes qu'on remarque
dans les lésions hypophysaires, savoir l'hypersomnie, l'obésité, les troubles mentaux, etc.

Franceschi, pour expliquer l'augmentation du sommeil
dans les tumeurs de la base cérébrale, invoque les troubles
circulatoires, c'est-à-dire l'anémie de l'écorce due au rétré-
cissement des carotides internes et à la compression du
tronc basilaire. On peut remarquer toutefois que généralement l'anémie cérébrale détermine un état d'assoupissement, de torpeur psychique, plutôt qu'une hypersomnie
véritable. Maillard et Milhit estiment, au contraire, que
les troubles hypniques dans les tumeurs cérébrales dépendent d'une intoxication secondaire aux toxines cellulaires
provenant du néoplasme et qui sont rejetées dans la circulation cérébrale. Dupré et Devaux invoquent aussi un
facteur toxique pour expliquer les troubles psychiques
qu'on observe dans les néoplasmes du cerveau. On a constaté dans la région de l'écorce cérébrale soustraite à toute
action directe de la tumeur, des altérations caractéristiques
d'une toxi-infection. L'hypothèse de Maillard et Milhit se
concilie avec les observations de Voulfovitch et d'Hercouet,
qui ont remarqué que l'augmentation du sommeil est particulièrement signalée à propos de certains néoplasmes

malins, tels que les sarcomes, les épithéliomes. Mme Voulfovitch observe pourtant que non tous les cas de sarcomes
ou d'épithéliomes sont accompagnés de sommeil : elle a
cité de gros sarcomes occupant toute l'épaisseur du cerveau
qui ne déterminaient aucune augmentation du sommeil. Elle
conclut très justement que, pour résoudre la question du
sommeil dans les tumeurs cérébrales, il faut qu'à l'avenir
tous les observateurs fassent attention au symptôme du
sommeil, en faisant bien son diagnostic différentiel avec
d'autres états qui peuvent le simuler : et que l'examen ana-
tomo-pathologique soit fait avec grand soin.

Hypersomnie dans le mal des montagnes. — L'un des
principaux symptômes du mal des montagnes consiste
dans un besoin impérieux et irrésistible de dormir. Mosso,
dans son intéressant ouvrage *La fisiologia dell'uomo nelle
Alpi*, écrit longuement sur ce grave symptôme qu'il rapporte à l'acapnie, c'est-à-dire à la diminution de l'anhydride
carbonique, déterminant une dépression remarquable du
système nerveux. Cette hypersomnie est tellement impé-
rieuse que les patients s'endorment contre leur volonté,
même en prévoyant que leur sommeil les expose fatalement
à l'assidération et à la mort. On sait pourtant que si par
la volonté on parvient à vaincre le premier assoupissement
et à se remettre en route, la somnolence disparaît. Le
sommeil dans le mal des montagnes est d'habitude très profond et n'est pas interrompu par les bruits les plus forts.
Les attaques de sommeil, écrit Mosso, sont favorisées particulièrement par le froid qui détermine un refroidisse-
ment des parties périphériques et une congestion des
viscères internes et du cerveau. On a constaté, en effet, dans
le mal des montagnes, une dilatation initiale des vaisseaux
cérébraux et une augmentation de volume du cerveau.
L'hypersomnie se joint ordinairement à la céphalée, dépendant de l'hyperémie cérébrale passive. Cette congestion
passive détermine aussi, très fréquemment, des hémorra-
gies dans les muqueuses, des épistaxis, etc. Il n'est pas
rare même que le mal des montagnes diminue par l'épistaxis : au Pérou, lorsque les animaux sont très souffrants,

on leur fait une saignée sous la langue, et ils reprennent tout de suite leur chemin.

L'hypersomnie présente donc une corrélation directe avec l'hyperémie passive cérébrale et diminue généralement avec l'amélioration de cette condition morbide. De fait, si le patient réactive par le mouvement, la circulation périphérique, la congestion cérébrale et l'hypersomnie disparaissent : c'est pour cela qu'on recommande de marcher aux sujets ayant la tendance à s'assoupir dans la montagne.

Le même mécanisme peut être invoqué comme explication de l'hypersomnie que l'on observe chez *les ouvriers qui travaillent dans l'air comprimé*. Dans ce cas aussi le sang est chassé de la périphérie dans les organes intérieurs, et on remarque la congestion passive du cerveau (Vivenot). *Le sommeil prolongé des pays chauds* paraît avoir la même origine.

Les crises de narcolepsie décrites par Furet, Stricker, Foot, Macnamara étaient provoquées par *l'insolation* et s'améliorèrent après des épistaxis. La congestion passive cérébrale est aussi la cause du *profond sommeil qu'on remarque après les attaques épileptiques*. On ne peut pas non plus conclure que la somnolence continue, consécutive à certaines tumeurs cérébrales comprimant les sinus veineux, ne représente qu'une simple conséquence de l'hyperémie passive du cerveau.

Par quel mécanisme, nous demanderons-nous maintenant, cette congestion détermine-t-elle un besoin irrésistible de dormir, des accès de sommeil si prolongés ?

La réponse à cette question n'est guère difficile si l'on considère que l'hyperémie passive cérébrale n'implique pas seulement une anémie artérielle, c'est-à-dire une condition favorisant beaucoup la tendance au sommeil, mais qu'elle implique aussi une dyscrasie sanguine, une intoxication cérébrale qui constitue un stimulus très efficace pour l'augmentation du sommeil. Cette hypothèse aurait une certaine confirmation expérimentale dans une observation de Mowriew, qui a remarqué une augmentation des éléments de Nissl dans l'asphyxie lente, qui se joint précisément à l'hyperémie passive et à une lente intoxication des centres nerveux.

Hypersomnie dans les maladies nasales. — Une cause parfois ignorée de l'hypersomnie et des crises de sommeil consiste dans les affections du nez. L'augmentation du sommeil est remarquée fréquemment dans les *végétations adénoïdes.* Les adénoïdiens sont d'ordinaire apathiques, peu intelligents, très somnolents. Cette tendance au sommeil doit être rapportée d'une part à la dépression de l'attention, ce qui favorise particulièrement la disposition à s'endormir, d'autre part à une augmentation réelle du sommeil. J'ai pu en observer un cas très intéressant : un jeune homme de 19 ans se plaignait d'une somnolence continue ; il dormait très souvent, même pendant la journée, d'un sommeil tellement profond, qu'il était fort difficile de le réveiller. Il s'endormait debout et plusieurs fois, même au milieu de la rue près de la charrette qu'il aurait dû surveiller, ou dans la cuisine, la tête appuyée sur un bassin. Un rhinologiste distingué, auquel je confiai le malade, constata en lui des végétations adénoïdes, dont l'extirpation fit diminuer considérablement la somnolence. On remarqua, après quelques années, une forte hypertrophie des amygdales, et l'hypersomnie apparut de nouveau : l'opération, cette fois aussi, a été suivie de l'amélioration de la somnolence. Ce sujet présentait, en outre, un agrandissement remarquable des mains et des pieds, une légère augmentation de volume de la langue, un défaut dans les désirs sexuels par rapport à son âge, c'est-à-dire un syndrome, qui nous rappelait vaguement le tableau clinique de l'acromégalie.

Pour éclaircir la signification pathologique des végétations adénoïdes, Poppi de Bologne a admis récemment l'hypothèse qu'elles sont pourvues d'une sécrétion interne analogue à l'hypophysaire ; il considère ces végétations comme des hypophyses aberrantes. Cette hypothèse trouve une certaine confirmation expérimentale dans l'observation de Civalleri, qui a remarqué très fréquemment chez les adultes, dans la région postérieure pharyngienne, une hypophyse accessoire ayant les mêmes propriétés anatomiques et, peut-être, physiologiques de l'hypophyse. Il est certain que les végétations adénoïdes déterminent d'ordinaire les mêmes symptômes, compris l'hypersomnie, qu'on remarque dans les tumeurs hypophysaires, et qu'elles se joignent très souvent, par exemple dans l'acromégalie, à l'hypertrophie de l'hypophyse. La coïncidence des deux altérations dans cette affection se concilie peut-être avec l'observation de E. Levi, qui a constaté dans trois crânes acromégaliques la persistance du canal cranio-pharyngien, qui met en communication la cavité pharyngienne avec la région hypophysaire.

Les rapports entre les troubles fonctionnels de l'hypophyse et les affections nasales sont aussi très intimes. Il n'est pas rare que les signes propres à l'altération hypophysaire se manifestent après une maladie du nez. Dans le cas décrit par Carrère, la céphalée, l'obésité, les crises de sommeil étaient secondaires à des altérations nasales et tonsillaires. Pitres a cité aussi un cas d'hypertrophie tonsillaire avec une gomme ulcérée des fosses nasales et une infiltration gommeuse de la voûte palatine : après quelques années, ce patient présenta l'obésité et des attaques irrésistibles de sommeil ; il s'endormait, même pendant la miction.

L'augmentation du sommeil dans les végétations adénoïdes et dans l'hypertrophie tonsillaire, peut être expliquée non seulement par les étroites relations que nous venons de décrire entre l'hypophyse et la cavité naso-pharyngienne, mais aussi par la considération que les hypertrophies tonsillaires et adénoïdes déterminent souvent un obstacle à la respiration, un état de lente asphyxie, d'hyperémie passive cérébrale, c'est-à-dire une condition très favorable à l'augmentation du sommeil.

L'hypersomnie est citée aussi, avec une fréquence toute particulière, dans les sinusites sphénoïdales. On rappelle, à ce propos, le cas de Liebnitz, rapporté par Lamack : le patient présentait un écoulement nasal et une somnolence continue qui persistait depuis douze ans avec la céphalée et des idées de suicide : il s'endormait même pendant la visite du médecin ; cette hypersomnie était rebelle à tous les traitements. La cause de ces troubles consistait dans un empyème envahissant tous les sinus nasaux ; en effet, la somnolence disparut après leur lavage. Le même auteur en a observé trois cas analogues. Gatteschi de Florence a observé lui-même une jeune fille souffrant d'une sinusite sphénoïdale qui se joignait à une somnolence continue et qui s'améliora par le traitement chirurgical.

Le mécanisme de l'hypersomnie des sinusites sphénoïdales peut s'éclaircir si l'on réfléchit à la contiguïté des sinus susdits avec la région hypophysaire, et si l'on pense à la fréquence avec laquelle les suppurations de l'hypophyse se propagent aux sinus et *vice versa*.

Nous ne devons pas nous étonner alors de ce que les abcès sphénoïdaux déterminent des phénomènes réactifs dans la glande pituitaire, savoir son hyperactivité ou son altération partielle si l'affection est légère, son insuffisance absolue, au contraire, si la sinusite est plus grave. A l'appui de cette interprétation, je peux citer deux cas très intéressants de sinusite sphénoïdale décrits par Thomson : dans le premier l'infection n'engendrait aucune complication cérébrale, et le patient présentait une somnolence remarquable ; dans le second, la sinusite avait déterminé la suppuration de l'hypophyse, et on remarquait l'insomnie.

§ 4. — Parasomnie.

Le sommeil, ainsi que toutes les fonctions de sécrétion, peut être non seulement exagéré ou diminué, mais aussi troublé et perverti, même s'il est normal dans sa durée et dans son intensité. Les causes de la parasomnie sont ordinairement les mêmes qui modifient le métabolisme des cellules nerveuses ou qui altèrent leur fonction sécrétoire, savoir les intoxications, les émotions, etc.

Parmi les signes les plus caractéristiques de la parasomnie, il faut mentionner les *cauchemars* ; ces songes terrifiants et pénibles, ces visions d'animaux difformes, de monstres, de scènes tragiques sont très fréquents dans l'alcoolisme, dans les intoxications alimentaires, dans l'hystérie, dans la paralysie progressive, dans les affections cardiaques, respiratoires, dans les maladies fébriles en général.

Les rêves même les plus tranquilles révèlent un certain degré de surexcitation mentale que le neurologiste ne doit pas négliger : ils constituent, à mon avis, un léger cri d'alarme pour l'hygiène de notre vie psychique. Nous avons déjà vu les rapports des rêves avec les émotions, avec les troubles de la sensibilité cénesthésique. Maints sujets ne rêvent jamais, à moins qu'ils ne soient atteints par une intoxication gastro-intestinale, hépatique ou par une infection. La fatigue elle-même, qui implique une intoxication de l'organisme, est considérée par Tissié comme la cause la plus fréquente des rêves. Ceux-ci, dans tous les cas, révèlent un sommeil incomplet, partiel, un sommeil qui n'est pas parfaitement physiologique : tout le monde sait que le sommeil troublé par les rêves a généralement une action réparatrice très faible ; les sujets qui rêvent toute la nuit se réveillent le matin fatigués et très peu satisfaits de leur sommeil.

Le somniloque est remarqué d'ordinaire quand le sommeil n'est pas très profond et que l'esprit du dormeur est occupé par une idée ou par une association d'idées émotives ou sensorielles, qui, dans le champ de l'inconscient, se réfléchissent dans le centre du langage parlé. Le contenu psychique du somniloque est toujours affectif et révèle l'angoisse de celui qui dort : il nous révèle aussi une surexcitation nerveuse dépendant de diverses causes. Le somniloque est fréquent chez les fébricitants, dans les intoxications intestinales, dans l'helminthiase, dans l'hystérie, dans le somnambulisme et dans les affections mentales.

Le somnambulisme consiste dans la persistance de l'activité automatique pendant le sommeil : le sujet accomplit dans cet état des actes qui appartiennent à l'état de veille : il les accomplit, d'habitude, les yeux ouverts et fixes, et la pupille contractée. Ces actes sont généralement l'expression d'un rêve et la répétition d'actes habituels. Les patients présentent au réveil une amnésie complète de tout ce qu'ils ont fait automatiquement pendant le sommeil. Le somnambulisme est considéré par la plupart des auteurs comme une avant-garde de la névrose hystérique ou comme une manifestation larvée de cette affection. On remarque très souvent que le somnambulisme des enfants se joint plus tard aux symptômes les plus caractéristiques de l'hystérie.

Klippel a récemment décrit des *psychoses somnolentes* caractérisées par un état prolongé de rêve. Ces formes ont été désignées sous le terme de *rêve prolongé* par Lasègue, et de *délire onirique* par Régis. Klippel remarque cependant que dans les formes chroniques et incurables les phénomènes somnolents s'écartent beaucoup du sommeil normal.

Parmi les signes de la parasomnie il ne faudrait pas oublier les *convulsions épileptiques*, lesquelles, nous le savons, sont remarquées généralement pendant l'acte hypnique. De Sanctis et Neyroz ont observé que les sujets épileptiques ont d'ordinaire le sommeil très lourd. Pick a remarqué aussi que les attaques surprennent les malades au moment où le sommeil est le plus profond. L'explication de ces faits n'est pas difficile si l'on réfléchit que l'hypersomnie et les convulsions épileptiques dépendent, le plus souvent, de la même condition pathogénique, c'est-à-dire des intoxications. Il est donc permis de supposer que les substances toxiques envahissant directement les centres nerveux, déterminent non seulement l'hyperfonction chromatique, d'où l'hypersomnie, mais aussi la viciation de cette sécrétion. L'on comprendra alors facilement que le sommeil constitue pour les éléments nerveux non plus un acte de réparation, mais un phénomène d'intoxication et une source d'excitation.

§ 5. — L'hyposomnie.

L'hyposomnie ne s'exprime pas autant par la brièveté du sommeil que par son moins d'intensité. Beaucoup d'individus dorment réellement toute la nuit, mais leur sommeil est très léger ; ils se réveillent aux bruits les plus faibles ; ils rêvent très souvent. D'habitude ces sujets se réveillent le matin plus fatigués que le soir précédent, et restent, pendant toute la journée, très irritables et nerveux. La cause de cette fatigue, de cette irritabilité dépend essentiellement de l'hyposomnie. Deux sont les causes principales déterminant ce symptôme :

1° *Un degré, même faible, de surexcitation psychique.* — Les cellules nerveuses surexcitées alors dans leur activité spécifique pourront participer plus difficilement au sommeil, qui exige pour se déclancher leur repos le plus absolu. C'est pour cette raison que nous observons très souvent l'hyposomnie chez les sujets qui présentent une faiblesse irritable des centres nerveux, une émotivité très facile, ou qui consacrent toute leur journée à des études très difficiles et intéressantes. L'hyposomnie, dans ces cas, disparaît par le repos intellectuel, le bon air, une vie tranquille, loin des émotions, et dans les cas les plus invétérés par l'administration des sédatifs.

2° *Le ralentissement du métabolisme organique* qui diminue l'activité de toutes nos fonctions végétatives. Ces sujets dorment très légèrement, de même qu'ils ont une faible énergie musculaire, digestive, sexuelle, etc.

Le ralentissement de la nutrition ne constitue pas toujours un phénomène morbide. Il est providentiel, par exemple, que les vieillards présentent un métabolisme ralenti, car si leur nutrition était plus active, l'usure de leurs tissus serait, sans doute, bien plus rapide. *Dans la convalescence d'une longue maladie,* l'on remarque aussi un ralentissement remarquable du métabolisme et l'hyposomnie, qui diminue à mesure que la nutrition devient plus active.

Le ralentissement du métabolisme et l'hyposomnie qui s'ensuit, ne représentent pourtant pas toujours un phénomène normal. Nous l'observons, très souvent, dans les affections dyscrasiques, dans l'anémie grave, dans la tuberculose, dans la syphilis, dans les carcinomes. Il n'est pas rare alors que l'hyposomnie se joigne à l'amaigrissement, qui est l'expression la plus évidente du bradytrophisme.

Le ralentissement de la nutrition a parfois son origine dans une *dépression des centres nerveux*, qui sont les meilleurs régulateurs des échanges organiques. Les *neurasthéniques*, par exemple, présentent une méïopragie de leur énergie corticale et, par suite, une dépression fonctionnelle de leurs activités sécrétoires. Le sommeil, dans ces cas, est très léger, ainsi que toutes les fonctions végétatives.

Nous ne devons pas oublier non plus la *dépression artérielle* parmi les causes très fréquentes de l'hyposomnie : on remarque, très fréquemment, une amélioration de ce symptôme par les cardiocinétiques usuels, tels que la digitale, le strophantus, et même parfois la caféine, qui a une action très efficace sur la tonicité du système circulatoire. Il ne faut donc pas nous étonner si certains sujets au métabolisme ralenti, les vieillards par exemple, dorment mieux s'ils prennent leur tasse de café après dîner, tandis que pour d'autres la même potion constitue souvent une cause d'insomnie.

§ 6. — L'insomnie.

L'insomnie représente, sans doute, le trouble hypnique le plus grave. L'insomnie absolue est fort heureusement bien moins fréquente que l'insomnie partielle, car il est notoire que l'insomnie absolue expérimentale détermine les altérations les plus intenses dans les éléments nerveux et la mort dans une période très courte. Celui qui ne dort pas ou qui dort insuffisamment expose, en effet, son cerveau à une lente intoxication, laquelle détermine dans une première période un état d'excitation mentale et ensuite la

perturbation des fonctions psychiques, la confusion mentale, des délires transitoires, la disposition aux maladies
mentales.

Les conséquences dépendant de l'agripnie sont d'autant
plus graves que l'organisme a plus besoin de réparer l'usure
de ses tissus par le sommeil ; ainsi elles sont ressenties
davantage par les enfants et les adultes que par les vieillards. Ces faits s'expliquent aisément si l'on considère
que le sommeil constitue un phénomène de réaction aux
produits toxiques de notre métabolisme: on comprendra
alors que le besoin de dormir est en rapport avec l'activité
de la nutrition et qu'il est moins indispensable chez les
vieillards au métabolisme ralenti que chez les enfants et
les jeunes gens, dont la nutrition est plus active.

L'insomnie est due à toutes les modifications fonctionnelles des cellules nerveuses, propres à empêcher l'accumulation des éléments chromatophiles. L'agripnie, en effet,
est observée très fréquemment dans les *lésions dégénératives des centres nerveux*, dans les *intoxications* qui modifient
la fonction chromatogénique, savoir: dans l'*alcoolisme*, dans
le *morphinisme chronique*, dans l'*abus de café*, de *strychnine*,
dans les *auto-intoxications gastro-intestinales aiguës*, dans
les *infections* qui atteignent gravement les centres nerveux,
par exemple la *septicémie*, la *méningite cérébro-spinale*, la
fièvre typhoïde, la *tuberculose pulmonaire*, etc.

Lumbroso de Livourne, un neurologiste distingué qui
attache la plus grande importance aux troubles hypniques
dans la clinique, nous dit que l'amélioration de l'insomnie
dans beaucoup de maladies infectieuses, est un signe pro-
gnostique très favorable, précédant très souvent la disparition de la fièvre. La courbe du sommeil, remarque-t-il,
révèle mieux que la courbe thermique le degré de la toxicité
des infections.

La *syphilis*, de même qu'elle détermine des attaques
inexplicables de sommeil, est une cause très fréquente d'insomnie. Ce symptôme a été remarqué particulièrement dans
les formes confluentes de la période secondaire : il disparaît rapidement par les mercuriaux et non pas toujours par

les hypnotiques. L'insomnie tertiaire précède souvent la syphilis cérébrale : le sommeil de ces patients est généralement très court, s'accompagne de rêves effrayants et parfois d'attaques épileptiques.

La *fatigue excessive*, qui est l'expression d'une intoxication, provoque d'ordinaire la chromatolyse et l'insomnie. Les sujets très fatigués ont généralement un sommeil léger, incomplet, troublé de rêves.

L'*intoxication thyroïdienne* se joint aussi très souvent à la chromatolyse des cellules corticales et à l'insomnie. L'intoxication des centres nerveux par les produits thyroïdiens est favorisée particulièrement par l'insuffisance de la fonction antitoxique hypophysaire : nous avons déjà remarqué que l'hypophyse réagit à l'intoxication thyroïdienne, dans une première phase par son hyperactivité, ensuite par son hyposécrétion (Guerrini). L'on comprend ainsi que, par la suppression complète de cette barrière antitoxique, les toxines thyroïdiennes puissent atteindre plus facilement les cellules nerveuses dans leur fonction chromatogénique et déterminer l'insomnie, tandis que ce symptôme ne s'observe pas quand l'intoxication est plus légère. Dans la maladie de Flajani Basedow où l'intoxication thyroïdienne joue un rôle fondamental, l'insomnie constitue un des symptômes les plus constants et les plus graves : elle manque, au contraire, dans les cas très légers.

L'insomnie peut dépendre de l'*inanition*, qui ralentit considérablement le métabolisme organique, en entravant l'apport des matériaux nourriciers indispensables à la formation de la substance chromatique.

Parmi les causes de l'agripnie doivent être signalées *les modifications de la circulation cérébrale*. Le sommeil, représentant le travail végétatif des cellules nerveuses, exige pour se produire leur activité circulatoire normale. On constate ainsi l'insomnie par une pression artérielle trop élevée de même que par l'hypotension vasculaire. Dans le premier cas, les cellules nerveuses très congestionnées entreront plus difficilement dans l'état de déshydratation caractérisant le sommeil : si la pression artérielle, au contraire, est trop faible, les éléments nerveux moins arrosés par le sang, perdront graduellement leur activité nourricière ; la fonction hypnique, qui dépend précisément de leur métabolisme, s'effectuera alors d'une façon insuffisante et on aura l'hyposomnie, l'insomnie.

C'est par le même mécanisme, qu'on peut avoir l'explication de l'insomnie dans l'*artério-sclérose*, dans *l'anémie grave*, dans la *neurasthénie*. De fait, l'agripnie de toutes ces affections diminue très souvent par les cardiocinétiques, par les alcooliques, par tous ces médicaments qui accroissent la tension artérielle, tandis que l'insomnie dépendant de l'hypertension disparaît par la décongestion du cerveau, par les pédiluves très chauds, par les purgatifs (calomel, etc).

Toutefois, la cause la plus fréquente de l'insomnie est représentée par *les émotions*. Leur influence sur le sommeil s'explique facilement, si l'on réfléchit que l'insomnie n'est que la prolongation excessive de la veille, et que la veille même, en dernier ressort, ne pourrait pas subsister sans un facteur émotif. Ce qui, en effet, permet l'état de veille, c'est l'intérêt pour la situation présente. C'est cet intérêt qui maintient l'attention indispensable à la veille. Tous les animaux qui perdent l'intérêt pour le monde extérieur et l'attention, s'endorment tout de suite. Or, cet intérêt est sans doute un facteur affectif qui se manifeste et devient conscient seulement par l'émotivité. Nous avons déjà remarqué que les stimuli mêmes déterminant le réveil, sont d'autant plus efficaces que leur coefficient affectif est plus grand ; si cet intérêt, si ce facteur émotif est trop intense ou s'il se prolonge excessivement, nous aurons la prolongation excessive de la veille, l'insomnie. L'on remarque effectivement ce trouble, très souvent, chez les sujets éprouvant beaucoup d'émotions pendant la veille, comme les joueurs, les hommes politiques, les banquiers, les criminels, etc. Les affections nerveuses caractérisées par un état d'émotivité continue, par exemple l'hystérie, le goitre exophtalmique et beaucoup de maladies mentales, présentent ordinairement parmi leurs symptômes les plus constants, l'insomnie. Par quel mécanisme les émotions provoquent-elles l'insomnie? La rapidité avec laquelle les stimuli émotifs interrompent le sommeil et déterminent l'insomnie, répond exactement à l'idée qu'ils exercent une action inhibitrice sur l'acte hypnique. Nous avons déjà remarqué que cette hypothèse s'accorde parfaitement avec la théorie sécrétoire, si l'on tient compte de la puissante action inhibitrice exercée par les émotions sur toutes les fonctions sécrétoires. Or, il est très vraisemblable qu'une telle action s'exerce aussi sur la sécrétion chromatique, qui représente la fonction de sécrétion, peut-être, la plus sensible, la plus délicate de l'organisme. On pourrait maintenant nous faire remarquer que notre hypothèse est en apparente contradiction avec les cas déjà cités de narcolepsie déterminés par des émotions. J'estime cependant que telle contradiction ne subsiste pas : que l'on se souvienne, en effet, que ces crises narcoleptiques ne signifient pas toujours une augmentation réelle de la fonction hypnique, une hypersomnie, mais bien souvent une simple incontinence paroxystique du sommeil, due à la dépression psychique que l'on observe après l'émotion. On sait d'ailleurs que certaines émotions excitent le ton psychique, tandis que d'autres le dépriment : nous ne devons pas alors nous étonner que les premières exercent une action inhibitrice sur l'acte hypnique, tandis que les autres ont une action tout à fait opposée.

Une cause très intéressante de l'insomnie est aussi l'*insuffisance fonctionnelle absolue de l'hypophyse*.

L'agripnie est classée parmi les symptômes les plus caractéristiques de cette condition morbide. Nous devons soupçonner l'insuffisance hypophysaire non seulement dans les tumeurs de cette glande, mais aussi dans les affections qui d'ordinaire déterminent les plus graves altérations dans les glandes à sécrétion interne et par suite dans l'hypophyse, par exemple, dans la maladie de Basedow, le diabète, l'artério-sclérose, la fièvre typhoïde, la tuberculose, l'alcoolisme chronique, etc. L'insomnie hypophysaire se joint d'ordinaire à d'autres symptômes caractérisant l'insuffisance fonctionnelle de cette glande, tels que la tachycardie, la dépression artérielle, l'amaigrissement, l'asthénie musculaire, la perte de l'appétit. Tous ces symptômes, de même que l'insomnie, s'améliorent par la cure pituitaire. Le mécanisme de l'insomnie hypophysaire peut se rapporter, d'une part à l'intoxication très grave des centres nerveux dépendant de l'insuffisance complète de la fonction hypophysaire, dont nous connaissons tous l'action antitoxique à l'égard des centres nerveux, d'autre part à un défaut de sa sécrétion interne, qui aurait une action excitante sur la nutrition des cellules nerveuses et sur leur activité circulatoire. Les éléments corticaux déprimés dans leur activité métabolique ne pourraient pas élaborer normalement la substance chromatophile, d'où la diminution du sommeil, l'insomnie.

Nous ne devons pas oublier, enfin, dans l'étiologie de l'insomnie, les *affections nasales*.

Furet cite l'agripnie parmi les symptômes les plus fréquents de la sinusite sphénoïdale. La présence de ce symptôme s'explique par les rapports de contiguïté du sinus sphénoïdal avec la région hypophysaire. Les cas ne sont pas rares où l'infection purulente des sinus susdits a pu se transmettre à la glande pituitaire. Rayer, dans sa quatrième observation, cite un cas d'abcès de l'hypophyse se joignant à une sinusite sphénoïdale; dans ce cas le sommeil était très difficile et accompagné de songes terrifiants. Nous avons déjà rappelé le cas de Thomson de sinusite sphénoïdale, dans lequel l'hypophyse avait suppuré, et même dans ce cas on remarquait l'insomnie.

J'ai observé moi-même un cas analogue très intéressant. Un jeune douanier, certain G. P..., d'apparence très robuste, vint me consulter pour une insomnie qui durait depuis une année et qui était parfois rebelle, même aux hypnotiques. Il n'était pas syphilitique, il n'avait jamais fait d'abus sexuels ou alcooliques, il ne présentait point de symptômes propres à la neurasthénie, à l'hystérie. L'agripnie ne pouvait pas d'ailleurs se rapporter à des émotions, à des intoxications, à des affections respiratoires, circulatoires. La cause de cette insomnie était donc énigmatique, et j'allais renoncer à la comprendre, lorsque me vint l'idée de demander à notre jeune homme, s'il n'avait jamais souffert d'affections nasales. Il me répondit que oui, et que précisément à l'époque où l'insomnie fit son apparition, il se plaignait d'un écoulement nasal purulent, de mauvaise odeur; il avait aussi maintes fois observé que son insomnie augmentait lorsque l'écoulement nasal était le plus abondant. Après cette déclaration, j'adressai tout de suite mon patient chez un distingué rhinologiste, qui m'écrivit, quelque temps après, qu'il avait examiné mon malade et qu'il l'avait trouvé atteint d'une sinusite sphénoïdale et ethmoïdale. De fait, après une opération, que je ne pourrais pas préciser, le patient éprouva une amélioration sensible de ses troubles; il put dormir pendant deux nuits d'un sommeil profond, très réparateur: l'écoulement nasal cessa tout à fait. Malheureusement, après quelques jours, ses troubles reparurent et le patient dut interrompre son traitement, étant obligé de quitter Florence. Il m'écrivit pourtant, quelques mois plus tard, que ses conditions s'étaient beaucoup améliorées, et il me témoignait de la gratitude de ce que j'avais compris la cause de son affection.

N'oublions donc pas les affections nasales dans l'étiologie de l'insomnie: n'oublions pas non plus que les sinusites sphénoïdales d'origine grippale, typhoïdique, syphilitique, tuberculaire ont parfois une symptomatologie mal définie, et que leur diagnose n'est pas toujours très facile. Je suis convaincu qu'un examen méthodique et scrupuleux des fosses nasales peut éclaircir non seulement le mécanisme d'insomnies rebelles et inexplicables, mais aussi l'origine mystérieuse de certaines affections cérébrales [1]

---

1. Westenhœffer, à la suite de nombreuses expériences anatomopathologiques dans la méningite cérébro-spinale, soutient que l'origine la plus fréquente de cette affection consiste dans la propagation de l'infection purulente du nez et du pharynx aux méninges, le long des os sphénoïdaux et de la fosse pituitaire.

et psychiques. On pourra comprendre de telle manière la coïncidence très fréquente des maladies nasales avec les troubles mentaux. Roget remarque, en effet, parmi les symptômes psychiques les plus caractéristiques des affections nasales : l'obnubilation de l'intelligence, le défaut d'attention, l'affaiblissement de la mémoire, l'état d'angoisse, d'anxiété, l'irritabilité nerveuse, les attaques convulsives, le sommeil très difficile se joignant à des rêves effrayants, le pavor nocturnus des enfants, etc. Carpentier cite aussi la chorée, l'asthme, la tachycardie paroxystique, l'insomnie, les rêves terrifiants.

RÉSUMÈ

Le sommeil, considéré comme fonction de nutrition, de réintégration organique de nos centres nerveux, trouve sa meilleure explication dans une *théorie bio-chimique.*

Les théories chimiques seules nous rendent parfaitement compte de l'élément toxique, qui sans doute joue un rôle très important dans le sommeil, de même que de l'élément trophique, c'est-à-dire de l'action réparatrice que cette fonction exerce sur les centres nerveux et, d'une façon indirecte, sur tout l'organisme.

Notre théorie bio-chimique obéit aussi aux lois les plus fondamentales de la biologie, car, contrairement aux théories toxiques, elle considère le sommeil non pas comme un état négatif ou passif, mais comme une *activité positive d'ordre réflexe,* une *véritable fonction.*

Quelle est la nature de cette fonction?

Le sommeil, malgré l'importance qu'on a récemment attachée à l'élément psychique, représente dans sa forme la plus complète, le repos réel, l'inactivité absolue de nos fonctions mentales. Nous ne pouvons donc pas le regarder comme une activité, une fonction psychique, un instinct, ainsi qu'il a été affirmé par des psychologistes distingués. On renoncerait, de telle manière, à expliquer le besoin de sommeil qui, lorsqu'il est très impérieux, nous oblige à dormir contre notre volonté, notre intérêt, contre l'instinct même de conservation.

Le sommeil doit être considéré, par conséquent, comme une *fonction végétative ou organique* qui ressent particulièrement l'influence des stimuli psychiques. Les fonctions de sécrétion répondent parfaitement à cette condition. On remarque, en effet, *l'analogie frappante qu'il y a entre le sommeil et les fonctions sécrétoires*, comme la digestion et la miction. Ces fonctions, de même que le sommeil, sont excitées d'habitude par des stimuli psychiques et s'accomplissent ensuite par un mécanisme purement réflexe: elles sont précédées par des sensations spécifiques cénesthésiques (appétit de manger, appétit sexuel, besoin d'uriner) qui sont parfaitement analogues à l'appétit du sommeil et constituent les stimuli les plus propres à exciter les sécrétions correspondantes. On doit précisément à ces fonctions sécrétoires, la disposition interne qui pousse les animaux à accomplir les actes instinctifs précédant le sommeil comme la sécrétion digestive, sexuelle, urinaire, etc. On remarque aussi, à l'appui de la théorie sécrétoire du sommeil, que les modifications hypniques sont accompagnées très souvent de modifications analogues d'autres fonctions sécrétoires, telles que la digestion, la sécrétion sexuelle, la sécrétion intestinale, l'adipogénie.

Les troubles hypniques constituent aussi un des symptômes les plus caractéristiques dans les affections des organes à sécrétion interne, savoir le myxœdème, le goitre exophtalmique, l'obésité, le diabète, l'insuffisance des glandes génitales (ovaires, testicules). Nous avons remarqué la fréquence particulière des troubles hypniques dans les affections hypophysaires.

Une confirmation très importante de la théorie sécrétoire du sommeil nous est fournie par l'étude de la *léthargie hibernale*, de *l'état de chrysalide*, de *l'état embryonnaire*. Ces états, qui présentent une analogie très marquée avec le sommeil, sont présidés par la fonction d'organes spéciaux à sécrétion interne, tel que la glande hibernale, le corps adipeux, le syncitium. On observe que le commencement de la léthargie hibernale chez les mammifères et de l'état de chrysalide, coïncide exactement avec le maximum du développement de la glande hibernale, du corps adipeux, et que la léthargie disparaît quand les organes susdits perdent leur activité fonctionnelle, leur structure cellulaire. Il est donc permis de supposer que le sommeil quotidien, de même que la léthargie hibernale et l'état de chrysalide, consiste en *une fonction de sécrétion, présidée par un organe à sécrétion interne.*

L'intervention, d'ailleurs, d'un organe à sécrétion interne nous semble indispensable pour comprendre le mécanisme du sommeil quotidien, car on ne pourrait pas expliquer ce phénomène sans admettre un élément intermédiaire entre les deux éléments apparemment inconciliables de la fonction hypnique, c'est-à-dire entre l'élément toxique constituant la cause initiale de la fonction susdite et l'élément trophique. Tout s'expliquerait, en effet, par l'intervention d'un organe qui, excité dans son activité par les déchets toxiques du métabolisme, exerce une action stimulatrice sur la nutrition des cellules nerveuses. L'*hypophyse*, par son siège à la base du cerveau, près les centres corticaux les plus essentiels, par ses propriétés antitoxiques et trophiques à l'égard des cellules nerveuses, nous paraît la glande la plus propre à présider à la fonction hypnique. Cette hypothèse s'accorde non seulement avec l'observation clinique nous révélant un rapport très intime entre les altérations hypophysaires et les troubles du sommeil, mais aussi avec le fait que l'insomnie a été décrite par plusieurs auteurs (Renon, Delille, Azam, Parisot) parmi les symptômes les plus fréquents de l'insuffisance hypophysaire, et s'améliore effectivement par la cure pituitaire. Nous sommes convaincus que cette importante glande, dont nous connaissons bien l'extrême sensibilité à toutes les intoxications, exerce, par ses produits sécrétoires « *hormones* », une action excitante sur la nutrition des cellules nerveuses corticales, et préside, par suite, quoique d'une façon indirecte, au sommeil qui consiste dans une fonction végétative de la cellule nerveuse centrale.

L'acte hypnique, à mon avis, a son siège dans les cellules corticales et dépend du processus chromatogénique, consistant en une fonction de sécrétion interne restauratrice, parfaitement analogue à la glycogénie et à l'adipogénie, c'est-à-dire à des processus qui sont considérés, avec juste raison, comme des véritables fonctions de sécrétion interne. Cette hypothèse se concilie parfaitement avec l'observation expérimentale nous démontrant que l'état de repos des cellules nerveuses, de même que la phase de leur réparation organique, sont caractérisés par la formation progressive des éléments chromatophiles dans le protoplasme, tandis que l'activité nerveuse est accompagnée de leur dissolution. Or, si le sommeil représente l'état de repos absolu et la période de réintégration organique des centres psychiques, il est légitime de supposer que ce phénomène se joint à la formation et à l'accumulation progressive de la substance chromatophile dans les cellules corticales.

Cette hypothèse s'accorde avec mes recherches expérimentales démontrant que les cellules corticales, pendant le sommeil, révèlent une affinité très remarquable pour les substances colorantes ; elle s'accorde aussi avec les observations de Tsassownikoff, qui a remarqué dans les cellules épinières, pendant le sommeil, la présence de granulations protoplasmiques très colorées, tandis qu'on observe leur fluidification pendant la veille.

Les intimes rapports entre le sommeil et son action réparatrice trouvent dans notre hypothèse leur plus complète explication, car les éléments chromatophiles représentent, d'après la plupart des auteurs, une substance de réserve destinée à la nutrition et à la réparation organique des cellules nerveuses.

Si l'on pense maintenant que la formation de ces éléments se produit par un processus de synthèse chimique, c'est-à-dire par un processus qui s'accompagne d'ordinaire de la déshydratation de la cellule où il a son siège, si l'on pense que les corps nucléo-protéides de Nissl représentent, au point de vue physico-chimique, une substance colloïde à pression osmotique presque nulle, ne permettant pas le passage du courant électrique, tout cela considéré, il est bien logique d'admettre que la formation et l'accumulation excessive de cette substance dans le protoplasme et dans les troncs protoplasmiques des éléments nerveux, provoquent une diminution considérable de leur excitabilité et constituent un obstacle à la conduction des stimuli psychiques, qui, comme nous le savons, se transmettent pareillement aux vibrations électriques.

Cette hypothèse éclaircit parfaitement *les rapports existant entre la veille et le sommeil,* car c'est justement au cours de la veille, c'est-à-dire pendant l'activité des éléments nerveux, que le métabolisme des cellules corticales est plus actif et qu'elles assimilent les matériaux de nutrition indispensables à la formation de la substance chromatique. C'est probablement pendant cette période que les cellules nerveuses sont excitées dans leur nutrition par les *hormones* d'organes spéciaux à sécrétion interne, et que les noyaux, les nucléoles montrent le maximum de leur activité fonctionnelle, indispensable à l'élaboration des corpuscules de Nissl.

De même que la veille représente la phase préparatrice du sommeil, de même le sommeil prépare, à son tour, les conditions de la veille : on doit supposer, en effet, que les cellules nerveuses, déprimées, pendant le sommeil, dans leur activité fonctionnelle et dans leur pression osmotique, ne puissent plus assimiler de la lymphe péricellulaire les substances nourricières nécessaires à leur activité végétative : elles se trouveront alors dans un état de complet isolement de l'ambiant extérieur et épuiseront peu à peu, par un processus de digestion intracellulaire, les corpuscules chromatophiles, qui sont considérés par la pluralité des auteurs comme une substance de réserve destinée à la nutrition des éléments nerveux. On comprend bien, par conséquent, que la cellule nerveuse centrale dépourvue de sa substance isolante, ne constitue plus un obstacle à la conduction de la vibration nerveuse et qu'elle permette le réveil. Le sommeil serait ainsi la cause de la veille, de même que celle-ci est la cause du sommeil. La veille et le sommeil représenteraient donc deux phases se rattachant intimement l'une à l'autre, ce qui expliquerait parfaitement leur évolution cyclique.

Notre théorie éclaircit aussi le *mécanisme du sommeil déterminé par le besoin impérieux de dormir, le mécanisme du sommeil volontaire et involontaire*. Le premier exprime la prédominance excessive de la fonction hypnique sur l'activité psychique et dépend, à notre avis, de la formation excessive de la substance de Nissl dans la cellule nerveuse, tandis que le sommeil volontaire et involontaire dépendent simplement de la diminution de l'activité psychique, qui se traduit par un défaut de dissolution des éléments chromatophiles et par leur accumulation dans les cellules corticales.

La condition la plus favorable au déclanchement du sommeil consiste, à mon avis, dans le repos de l'activité psychique s'effectuant par la perte de l'intérêt pour la vie extérieure et de l'attention, tandis que le réveil est particulièrement déterminé par les stimuli sensitifs doués d'un coefficient affectif, et d'une façon spéciale par les stimuli émotifs, qui exerceraient très probablement une action inhibitrice sur l'acte hypnique. Notre théorie invoque, à ce propos, un centre nerveux particulier qui, présidant à l'intérêt pour le monde extérieur et à l'attention, préside aussi à la veille, au réveil. Ce centre est constitué peut-être par les lobes frontaux, qui sont considérés par la plupart des auteurs comme le centre de l'attention et comme exerçant une action inhibitrice sur les actes réflexes. Il est donc très vraisemblable que ces lobes, par leur activité, exercent aussi une action inhibitrice sur le sommeil, qui est positivement une activité réflexe. Il est certain que les altérations des circonvolutions frontales sont caractérisées par la perte de l'intérêt pour le monde extérieur, de l'attention et par la tendance continue au sommeil.

La théorie sécrétoire du sommeil éclaircit de même *l'origine* de cette fonction. Elle considère le sommeil comme un phénomène d'adaptation qui s'est développé dans la lutte pour l'existence, un phénomène de défense, de réaction de l'organisme contre l'intoxication provenant d'une vie trop intensive, d'un métabolisme très actif. Cette intoxication pourtant n'aurait pas produit le sommeil, c'est-à-dire un phénomène de réparation des cellules nerveuses, si elle n'avait pas engendré le développement d'un organe sécrétoire intermédiaire qui, réagissant aux stimuli toxiques, exerce une action défensive et trophique sur l'organisme.

C'est par une conception analogue qu'on peut expliquer l'*origine du sommeil hibernal*. La léthargie hibernale présente, en effet, la plus étroite corrélation avec la fonction de la glande hibernale; l'état d'hypernutrition précédant la léthargie et qui constitue la condition fondamentale pour la détermination de ce phénomène, révèle le rapport le plus intime avec le développement progressif de cet organe à sécrétion interne.

Notre théorie nous permet enfin d'éclaircir le mécanisme pathogénique des *troubles hypniques*, qui ne représentent, le plus souvent, que de simples modifications du sommeil physiologique. Nous avons examiné le mécanisme de la *tendance au sommeil* (qu'il faut distinguer de l'augmentation du sommeil), de la *narcolepsie*, qui dépendent très souvent de la dépression continue ou subitanée des centres corticaux inhibitoires de l'acte hypnique, de la *parasomnie* ou de la perturbation du sommeil. Nous avons consacré, enfin, un long chapitre à l'étude de l'*hypersomnie*, de l'*hyposomnie*, de l'*insomnie*, consistant dans l'exagération ou dans la diminution des causes mêmes qui président à la fonction hypnique et à la veille.

Et maintenant, à la fin de notre travail, demandons-nous: quelle est la valeur de la théorie sécrétoire du sommeil, quels sont les avantages que notre conception présente sur toutes les autres qui ont été avancées sur la question du sommeil ?

Je me garde bien de méconnaître l'importance de ces théories. L'élément psychique admis par la théorie biologique récemment proposée par Claparède et d'autres psychologistes, l'élément toxique affirmé par les théories chimiques, le facteur osmotique admis par Devaux constituent, sans doute, une contribution précieuse à l'étude de la fonction hypnique. Toutes ces théories ont cependant un défaut commun ; elles ont le tort de négliger l'importance des faits les plus évidents cités par les théories contraires. La théorie positive de Claparède, par exemple, n'admet pas l'élément toxique parmi les causes du sommeil normal ; les théories chimiques, y compris la théorie osmotique, ne donnent, à leur tour, aucune explication de l'élément psychique du sommeil. Toutes ces théories n'expliquent pas d'ailleurs le mécanisme intime de la fonction hypnique, l'évolution cyclique de la veille et du sommeil, le mécanisme du sommeil pathologique. Les troubles hypniques sont presque complètement négligés par tous les auteurs, comme si le sommeil morbide ne présentait pas la plus intime corrélation avec le sommeil normal et n'exigeait, lui-même, une explication. Or j'espère que toutes ces objections ne pourront nullement toucher la théorie sécrétoire que nous proposons. Notre hypothèse n'a pas nié la valeur des meilleurs arguments fournis par les autres théories : elle a montré, au contraire, que ces arguments s'accordent parfaitement avec la théorie sécrétoire : l'élément toxique et l'élément psychique trouvent dans notre théorie leur juste place. La théorie sécrétoire du sommeil, pour l'explication de cette fonction, ne recourt pas à une conception pathologique comme celle qui a été affirmée par les théories chimiques ; elle explique simplement le sommeil, en s'appuyant constamment aux lois biologiques qui règlent tous les phénomènes organiques ; notre théorie est donc essentiellement physiologique ; son mécanisme trouve, en effet, sa plus claire explication dans l'idée d'une fonction de nutrition, de réparation organique des cellules nerveuses.

Je n'aurais certes pas la prétention d'avoir considéré le problème du sommeil dans toute son extension, dans toutes ses particularités. Le but principal que je me suis proposé est de montrer que ce phénomène peut s'éclaircir remarquablement si on le considère comme une fonction de sécrétion. On ne saurait être surpris d'ailleurs que des sécrétions internes jouent un rôle fondamental dans le sommeil. La physiologie nous a démontré que les sécrétions internes exercent leur influence sur toutes les fonctions. Il n'y a pas un domaine de la physiologie, écrit Hallion, où elles n'interviennent pour une large part. Ne nous étonnons donc pas si le sommeil, cette fonction de nutrition essentiellement végétative révélant la plus frappante analogie avec les fonctions sécrétoires, ne consiste pas, elle-même, en une fonction de sécrétion.

J'espère que notre conception, quoique exprimée d'une façon très incomplète et insuffisante, par rapport à un sujet si vaste et si complexe, pourra faciliter l'étude de cet important problème et en permettre même la solution.

INDEX BIBLIOGRAPHIQUE

ACHARD LŒPER. — *Archives de médecine expérimentale*, 1901.

ADELON. — *Dictionnaire médical*. Art. *Sommeil*.

ADLER. — *New-York medical journal*, 1889.

AGOSTINI (C.). — Disturbi psichici e lesioni anatomiche dell'insonnia. *Rivista sperimentale di Freniatria*, 1898.

— Un caso di dispituitarismo da tumore maligno dell'Ipofisi. *Rivista di Patologia nervosa e mentale*, 1899 (169).

ALBINI (G.). — Rendiconto dell'Accad. di Scienze fisiche e matematiche. Sezione della Soc. reale di Napoli, 1901.

ALLARIA. — Dei rapporti tra l'acromegalia ed il mixœdema. *Rivista critica di clinica medica*, 1900.

ALMAGIA. — Congresso di scienza. Firenze, 1908.

ANTONINI. — *Gazzetta medica di Torino*, 1893.

ARISTOTE. — Opuscules. Parva naturalia.

ARMINGAUD. — Cité par Furet.

ARNOLD. — *Virchow's Archiv.*, 1894. Akromegalie.

AUDRY. — *Revue de médecine*, 1886 (897-934).

AZAM. — Sur un syndrome d'insuffisance hypophysaire au cours des maladies toxi-infectieuses. *Thèse de Paris*, 1907.

BABINSKI. — Tumeur du corps pituitaire. Soc. de neurologie, 1900, 7 juin.

BADUEL (C.). — Un caso d'ipersonnia durata 4 anni, consecutiva ad una flogosi cronica peri-ipofisaria d'origine otica. *Rivista critica di clinica medica*, 1909, n° 34.

BAGLIONI. — *Achivio di fisiologia*, 1906.

BALLET. — Du sommeil pathologique. *Revue de médecine*, 1882.

BANKS. — *Lancet*, 1895.

BARBACCI. — Gumma Hypophysis cerebri. *Sperimentale*, 1881.

BARRET. — Prolonged sommolence after influenza. *British. medic. Journ.*, 1890.

BARTEL. — Karcinome of Hypophysis. *Wien. Klin. Woch.*, 1908 (273).

BARONCINI E. BERETTA. — Ricerche istologiche sulle modificazioni degli orgàni nei mammiferi ibernanti. *Riforma medica*, 1900 (II).

BASSI. — *Annali di Oftalmogia*, 1902.

BATTISCOMBE (G.). — Case of abcess of the sella turcica and pituitary boby. *Lancet*, 1888.

BAUFLE (P.). — Les indications thérapeutiques dans le traitement de l'insomnie. *Progrès médic.*, 1909.

BELMONDO (E). — Alcune idee sui processi chimici del cervello durante l'attivita funzionale e durante il sonno. *Archivio per l'antropologia e l'etmologia*, vol. 25.

BENJAMIN. — Allg. z. f. Psychiatry, 1898, rec. *Revue neurologique*, 1898.

BENNET (W.). — Case of siphilitic convulsions preceeded by marked somnolence of long duration. *Archives de médec. expérim.*, 1903.

BENSON. — *Journal of nerv. and ment. diseases*, 1896.

BERETTA (N.). — Dell'influenza dell'accumulo di adipe sulla determinazione e sul decorso del sonno invernale nei mammiferi. *Monitore zoologico*, 1902.

BERGER. — Tumeur de la région hypophysaire avec autopsie. Zeitschr. fur klin mediz., 1903. *Rec. semaine médicale*, 1904.

BERGER et LŒWY. — L'état des yeux pendant le sommeil. Soc. de Biologie, 1898.

BERGSON. — Le rêve. *Bull. de l'Institut Psych.*, 1901.

BERILLON. — Le centre du réveil. *Gaz. des Hôpitaux*, 1909.

BERLESE. — Ninfosi. Gl'insetti. Societá editrice libraria. Milano.

BERNARD (C.). — Leçons de physiologie expérimentale, 1854-1855. Leçons sur le diabète, Paris, 1877.

BERNHARDT. — *Arch. génér. de médecine*, 1882.

BERNHEIM. — *Revue de médecine*, 1909.

BETHE. — Morphol. Arbeitens 1898. Anatom. anzeiger, vol. XVII. Allgm. Anat. am physiology der nervensytem, 1901.

BERTIN. — *Dict. Dechambre*. Art. : *Sommeil*.

BIANCHI. — Trattato di psichiatria. Napoli. Edit. Pasquale.

BLAIR. — *Journ. of mental sciences*, 1879.

BLANCHARD. — Soc. de Biologie, 1903 (1121).

BLEUBTREU. — Acromégalie avec destruction de l'hypophyse. Munch mediz. Woch., 1905, rec. *Semaine Médicale*, 1905.

BOARI (E.). — Elementi di Anatomia e semiologia del sistema nervoso. Bologna, 1899.

BONARDI (E.). — *Arch. ital. di clin. medica*, 1893.

BONSERVIZI — Sul sonno. Mantova, 1903.

BOTTAZZI (F.). — Gli avvenimenti chimici nell'organismo animale e l'azione dei fermenti intracellulari. Tommasi, 1906, n° 12. *Rivista d'Italia*, 1907. Archivio di fisiol., 1908.

BOULAND. — Cité par Levi L. Arch. Génér. de Médec., 1896.

BOVERO (A.). — Intorno a un gruppo di singolari canali vascolari del postsfenoide negli scuriomorpha. *R. Accad. di Torino*, 1902.

BOYCE-BEADLES. — A further contribution to the study of the hypophysis cerebri. *Journ. of pathology and bacteriol.*, 1893.

BOX-MAIRET. — Recherches sur les effets de la gl. pituitaire, *Arch. de physiology*, 1896.

BREGMAN-STEINHAUS (I.). — Deux cas de tumeur de l'hypophyse. *Journ. de Neurol.*, 1907.

BRETON. — *Gaz. des Hôpitaux*, 1900 (142).

BRIGIDI. — Acc. medico-fisica fiorentina, 1877.

BRIQUET-MONGOUR. — *Presse médicale*, 1898.

BROADBENT-DOGSON. — *Lancet*, 1896.

BROADMANN. — *Journ. für psychology und neurology*, 1902.

BROOKS. — Un cas d'acromégalie avec autopsie. *Archives de neurologie*, 1901 (243).

BROWN. — Case of extensive fracture of the cranium. *Americ. Journ. of medic. sciences*, 1860.

BROWN-SÉQUARD. — Le sommeil est le résultat d'une inhibition. *Arch. de physiologie*, 1889 (333).

BRUNELLI (G.). — Intorno alla fisiologia del letargo nei mammiferi. *Riv. Ital. di scienze naturali*, 1902.

BRUNS. — *Neurol. centralblatt.*, 1895.

BUCK (De). — Rec. *Policlinico*, 1904 (553).

BUCKLEY-BRADBURY. — Some points connected with sleep and sleeplessness. *Brit. med. Journ.*, 1899.

BURKARD. — Rec. Gazzetta degli Ospedali, 1901 (11).

BURR-RIESSMANN. — *Journ. of nerv. and ment. diseases*, 1899.

BURY. — Acromégalie. *Brit. Med. Journ.*, 1891.

BUZZARD. — *Lancet*, 1879. 7 July.

BYCHOWSKI. — *Deutche Mediz. Woch.*, 1909, n° 36.

CAGNETTO. — *Virchow's Arch.*, 1904.

CAMUSET. — De la narcolepsie. *Gaz. des Hôpitaux*, 1880.

CANGE. — *Arch. génér. de méd.*, 1907 (10 oct.).

CARLIER (W. EVANS). — A chemical study of the hibernating gland of the hedgehog. *Journ. of anatomy and physiology*, 1903-1904.

CARLIER. — *Journ. of anatomy and physiology*, 1893.

CARRIÈRE. — Sur un cas de narcolepsie. *Journ. de Bruxelles*, 1897.

CARPENTIER. — Cité par Ballet. *Revue de médecine*, 1882.

CASELLI. — Studi anatomici e sperimentali nella fisiologia della glandola pituitaria. Tesi. Reggio Emilia.

CATON. — *Lancet*, 1895.

CAVAZZANI. — *Archiv. ital. de Biologie*, 1893, I (214).

CESTAN HALBERSTADT. — *Revue neurologique*, 1904.

CHADBOURNE. — A case of acromegaly with diabetes. *New-York med. Journ.*, 1899 (I).

CHARCOT. — Attaque de sommeil. *Gaz. des hôpitaux*, 1880.

CHARTIER. — Cité par Voulfovitch.

CHAUFFARD. — Narcolepsie. *Semaine médicale*, 1893 (69).

CHIARINI. — Changements morphologiques qui se produisent dans la rétine des vertébrés par l'action de la lumière et de l'obscurité. *Archiv. ital. de biologie*, 1906.

CHRISTIAN. — *Rivista sperim. di freniatria*, 1893 (155).

CHURCH ET HESSERT (W.). — *Medical Record*, 1893.

CIVALLERI. — Sull'esistenza dell'Ipofisi faringea nell'uomo adulto. *Giornale dell'acc. di Torino*, 1907.

CLAPARÈDE (E.). — Esquisse d'une théorie biologique du sommeil. *Archives de psychologie*, 1905. La fonction du sommeil. *Rivista di scienza*, 1907.

CLAUDE SCHMIERGELD. — *Encéphale*, 1909.

CLAUS VAN DER STRICHT. — Cité par Fournier.

COLELLA. — Gliosarcoma del lobo frontale. *Psichiatria*, 1890.

COLLIN. — Recherches histologiques sur le développement des cellules nerveuses. Le névraxe, 1907, cité par Marinesco.

COLLINA. — Organo e significato della glandola pituitaria. *Rivista sperimentale di freniatria*, 1898.

COLLINS. — Acromegaly. *Journ. of nerv and ment. diseases*, 1892.

COMPTE. — Contribution à l'étude de l'hypophyse humaine. Thèse Lausanne, 1898.

CORTI. — Relazioni tra il nucleo e le secrezioni. Biologica, I

CORTESI. — Morgagni, 1908.

COSTANZO. — *Rivista veneta di scienze mediche*, 1905.

CUSHING. — *Journ. of and ment. diseases*, 1906 (704).

CUVIER. — Tableau élémentaire d'histoire naturelle.

CUTORE. — *Arch. ital. di anatomia e antropologia*, 1908.

CYON (DE). — Les fonctions de l'hypophyse et de la glande pinéale. Acad. de sciences, 1907 (22 avril). *Pfluger's Archiv.*, 1898.

CZERNY. — Zur kenntniss des physiologisches Schlaf., cité par Claparède. *Gaz. des hôpitaux*, 1896 (697).

D'ABUNDO. — Manicomio moderno, 1896.

DADDI L. — Sulle alterazioni degli elementi del sistema nervoso centrale nell'insonnia sperimentale. *Riv. di Patol. nerv. e mentale*, 1898.

DANTEC (LE). — Traité de Biologie.

DANA. — On morbid drowsiness and somnolence. *Journ. of nerv. and ment. diseases*, 1884.

DAY. — *Neurolog. centralblatt*, 1895.

DELILLE (A.). — L'hypophyse et la médication hypophysaire. Thèse, 1909, Paris. *Tribune médicale*, 1909 (647).

DEBOVE. — Essai sur la théorie du rêve. *Revue scientif.*, 1896.

DE BUCK. — *La Belgique médicale*, IIᵉ année.

DE COULON. — *Virchow's Arch.*, 1897.

DEJERINE. — Pathologie générale. *Traité Bouchard*. Art : sommeil.

DEMOOR. — La plasticité des neurones et le mécanisme du sommeil. *Bull. de la Soc. anthrop. de Bruxelles*, 1895-1898.

DENTI. — Cité par Collins. Acromegaly.

DERCUM. — *Americ Journ. of med. sciences*, 1893 (I).

D'ESTERRE. — *British medic. Journ.*, 1897.

DEVAUX. — Théorie osmotique du sommeil. *Archives génér. de médecine*, 1906-1907.

DEVIC-COURMONT. — *Revue de méd.*, 1867.

DE SANCTIS. — I sogni.

DE SANCTIS ET NEYROZ. — Experimental investigation on the depht. of sleep. *Psych. Review*, 1902, cité par Claparède.

D'Orsay Schlecht. — Morbid somnolence. *Americ. Journ. of medic. sciences*, 1908.

Dubois Raphael. — Physiologie comparée de la marmotte, 1896.

— Le centre du sommeil. Soc. de Biologie, 1901.

— Sommeil naturel par autonarcose carbonique. C. R. Soc. de Biologie, 1901.

Ducceschi. — Il metabolismo dei centri nervosi. *Sperimentale*, 1898.

Duchesnau. — Cité par Fournier. Acromégalie.

Dulles. — *Neurol. centralblatt*, 1892.

Durham. — The physiology of Sleep. Guy's Hospital Reports, 1860, cité par Manacéine.

Durme (van). — Nevraxe 1901, rec. *Riv. di Patol. nerv. e mentale*, 1901.

Dustin. — Contribution à l'étude de l'influence de l'âge et de l'activité fonctionnelle sur le neurone. *Annales de la Soc. Roy. de sciences médic. et natur. Bruxelles*, 1904.

Duval Mathias. — L'améboïsme des cellules nerveuses. *Revue scientifique*, 1895.

— Théorie histologique du sommeil. Soc. de Biologie, 1895.

Ecker. — Dict. physiolog. de Wagner, Livre IV.

Eiselsberg. — Cité par Schupfer.

Eisenlohr. — Cité par Hausser. *Virch. Arch.*, 110.

Engelmann. — *Arch. of physiology*, 1902.

Erb. — Cité par Fournier. Acromégalie.

Errera Leo. — Pourquoi dormons-nous? *Revue scientifique*, 1887, juillet.

Etienne et Parisot. — C. R. Soc. de Biologie, 1908.

Eve. — *Journ. of physiology*, 1896.

Eulemburg. — Cité par Schuster.

Ewen. — A case of narcolepsy. *Lancet*, 1893, II (p. 100).

Falta et Rudinger. — Soc. império-royale de médecine de Vienne, 1909, 2 juillet.

Farge. — Acromégalie. *Progrès médical*, 1889.

Farnarier. — Nouv. iconographie de la Salpêtrière, 1899.

Favorski. — *Revue neurologique*, 1900 (583).

Fazio. — Sul sonno naturale. *Morgagni*, 1874.

Féré. — Le sommeil paroxystique. *Semaine médic.*, 1893.

— Contribution à l'histoire de la neurasthénie sexuelle.

Féré. — Note de deux cas de mort chez des coqs en conséquence du sommeil provoqué. C. R. Soc. de Biologie 1884.

Ferrand. — *Revue neurologique*, 1903.

Ferrannini. — V. Rummo e Ferrannini.

Fichera. — R. Accad. medica di Roma, 1905 (22 Giugno).

Finzi. — Boll. di scienze mediche di Bologna, 1897 (n° 4).

Flournoy. — Nouvelles observations sur un cas de somnambulisme. *Arch. de psychologie*, I (248).

Fleming. — Note on the induction of sleep and anaesthesia by compression of the Carotids, cité par Manacéine.

Foot (A.-W.). — Sudden periodical sleep seizures. *Dublin. Journ. of medic. sciences*, 1886.

Forel. — Observations sur le sommeil du loir. *Revue de l'hypnotisme*, 1887.

Formaneck. — *Wiener Klin. Woch.*, 1909.

Fornesangrives. — *Brit. medic. Journ.*, 1906 (2364).

Foss. — *Gazz. degli Ospedali*, 1901 (II).

Foucault. — Songes. *Revue Philosophique*, 1906.

Fournier. — Acromégalie et troubles vasculaires. Thèse Paris, 1896.

Fraikin. — *Journ. de médecine de Bordeaux* 1898.

Franceschi. — Il sonno patologico nei tumori cerebrali. *Riv. di Patol. nerv. e mentale*, 1904.

Francini. — Struttura e la funzione dei plessi coroidei. *Sperimentale*, 1907.

Frænkel. — *Deutsch. mediz. Woch.*, 1901.

Fratnich — *Rivista veneta di scienze mediche*, 1793.

Freidereich. — Cité par Voulfovitch.

Friedmann. — On short narcoleptic attaks. *Revue of neurology*, 1906 (575). *Arch. de neurologie*, 1886.

Friedmann-Maas. — *Berlin. klin. Woch.*, 1900.

Frome Young. — *Brit. medic. Journ.*, 1890 (1177).

Frowlich. — Ein fall von tumor der Hypophisis cerebri ohne Akromegalie. *Wien. Klin. Rundshau*, 1901, n°s 47-48.

Fuchs. — *Wien. Klin. Woch.*, 1903.

Furet. — De la narcolepsie. Thèse de Paris, 1900.

Gadd. — *Neurolog. centralblatt*, 1903.

Gaglio. — Recherches sur la formation de l'Hypophyse. *Arch. ital. de biologie*, 1902.

Garbini. — Manicomio prov. dell'Umbria a Perugia, 1906.

Gatteschi. — Le vegetazioni adenoidi. *Arch. di otologia, rinologia,* 1902.

Gauthier. — *Progrès médical,* 1890 (I).

Gayet-Wernicke. — *Arch. de Physiologie,* 1875 (349).

Geeraerd. — Les variations fonctionnelles des cellules nerveuses corticales chez le cobaye. *Annales de la Soc. Roy. de Bruxelles,* 1901.

Gehuckten (Van). — Anatomie du système nerveux de l'homme.

Geigel. — Das Gâhnen. *Munch. mediz. Woch.,* 1908.

Gelineau. — De la narcolepsie. *Gaz. des Hôpitaux* 1880.

Gemelli (A.). — Contributo alla fisiologia dell'Ipofisi. *Arch. di fisiologia,* 1905.

— Ulteriore contributo alla fisiologia dell'Ipofisi. Estr. delle memorie della Pontefic acc. di Roma, 1908.

— Fatti ed ipotesi nello studio del sonno. *Rivista di fisica matematica e scienze naturali.* Pavia, 1906.

Gentes. — Soc. de Biologie, 1903.

Gerard. — *Revue neurologique,* 1903.

Gessler. — *Neur. centralb.,* 1895.

Giannelli. — Effetti dei neoplasmi encefalici sulle funzioni mentali. *Policlinico,* 1897.

Giard. — C. R. Soc. de Biologie, 1894. L'anhydrobiose.

Gibson. — Acromegaly. *Edimburg medic. Journ.,* 1897.

Giglio-Tos. — Les problèmes de la vie, 1900.

— L'eredità negli organismi e l'interpretazione chimica della vita. *Biologica,* I, n° 26.

Gilles de la Tourette. — Des attaques du sommeil hystérique. *Arch., de neurologie,* 1888.

Gley. — *Arch. de physiologie,* 1892.

— Soc. de Biologie, 1891.

Gley et Ranvier. — *Journ. de micrographie,* 1887.

Goldscheider et Flatau. — Cité par Marinesco.

Golgi (C.). — *Rivista sperimentale di Freniatria,* 1882. *Bull. soc. med. di Pavia,* 1898-1899.

Gomez Ocana. — Congr. Intern. de physiologie, 1901. *Arch. ital. de biologie* (1901).

Gorter. — Cité par Claparède.

Gowers. — Trattato di malattie nervose. Trad. italiana.

— *Lancet,* 1906, II.

Graham. — *Medical News,* 1890.

GRINKER. — *Neurol. centralb.*, 1904.

GUBLER. — *Revue neurologique*, 1901.

GUERRINI. — Sulla funzione dell'Ipofisi. *Sperimentale*, LVIII
— Ipofisi e patologia del ricambio. Tommasi, 1906.
— Di alcuni organi nel corso della fatica. *Sperimentale*, 1907.

HAGELSTAUR. — *Neurol. centralb.*, 1898.

HALLION. — Les fonctions de sécrétion interne. *Revue scientifique*, 1909.

HANDFORD. — Large tumor of pituitary body. *Revue des sciences médicales*, 1896.

HASKOVEC. — *Wien. klin. Rundshau*, 1895.

HEGER. — *Revue scientifique*, 1897.
— *Ann. de la Société Roy. de sciences médic. de Bruxelles*, 1898.

HENRI, LALON, MAYER, STODEL. — Étude générale des propriétés des solutions colloïdales. Soc. de Biologie, 1905.

HENRI ET PHILOCHE. — Théorie générale de l'action des distases.

HENROT. — Cité par Souza-Leite.

HERBST. — *Wien. klin. Woch.*, 1904.

HERCOUET. — Le sommeil dans les tumeurs cérébrales. Thèse Paris, 1905.

HEUSSER. — *Virch. Archiv.*, 110 b. Beitrag zur casuistik der Hypophysis tumoren.

HIERZEL ET FREY. — *Zeitschr. fur Wissensch. Zoolog.*, 1863.

HIPPOCRATE. — Cité par Bertin. *Dict. Dechambre.*

HODGE. — *Journ. of morphology*, V. II.

HOFFMANN. — Grosser sarcomatoser tumor der Pituitargegend. *Virch. Arch.*, 1862.

HOLMGREN. — Anatomische Hefte, 1900.
Rec. *Rivista de Pat. nervosa e mentale*, 1900.

HOLSTI. — *Gaz. hebdomadaire de médec.*, 1891.

HOWARD-SOUTHARD. — Glioma of the sella turcica. *Americ. Journal*, 1904.

HOWELL. — Contribution to the theory of Sleep. *Journ. of experim. medecine*, 1897.

HUNTER. — *Brit. medic. Journ.*, 1898. Lancet, 1898.

HYMANSON. — A case of acromegaly. *Medical Record*, 1899, II.

JACOBSON. — Michel. Arch. B. D. III.

JACOBY. — Periodical sleep seizures of an epileptic nature. *New-York medic. Journ.*, 1893.

JAMES. — Physiologie.

JANET. — Kyste parasitaire du cerveau. *Arch. génér. de médec.*, 1891.

— Les obsessions et la psychasthénie.

JELLINECK. — Rec. *Rivista critica di clinica medica*, 1907.

JOERG. — Cité par Trousseau et Pidoux.

JOFFROY. — Un cas d'acromégalie et démence. *Progrès médical*, 1898.

JOSEFSON. — *Neurol. centralblatt*, 1904.

ISCOVESCO. — Des colloïdes. *Presse médicale*, 1906.

KLIPPEL. — *Semaine médicale*, 1909, juillet.

KLIPPEL ET VIGOUROUX. — Acromégalie. *Presse médicela*, 1891.

KOJERNIKOFF. — Acromégalie. *Archives de Neurologie*, 1903.

KOUCHEFF. — *Revue neurologique*, 1907.

KRONTHAL. — *Neurol. centralb.*, 1907.

KUH. — *Revue neurologique*, 1902.

LABADIE, LAGRAVE ET DEGUY. — Associations morbides de l'acromégalie. *Arch. génér. de médecine*, 1899.

LACHE. — Sur la nucléine de la cellule nerveuse. Soc. de Biologie, 1906.

LAIGNEL-LAVASTINE. — Les troubles psychiques dans les syndromes hypophysaires. *Revue de médecine*, 1909.

LAMACK. — A propos de quelques cas de narcolepsie. *Revue de médecine*, 1897.

LAMARI. — *Rivista di clinica terapeutica*, 1902.

LASÈGUE. — L'appétit du sommeil. *Gaz. des Hôpitaux*, 1882.

LAUNOIS. — Soc. de Biologie, 1903 (450).

LAUNOIS ET ROY. — Nouv. iconogr. de la Salpêtrière, 1903.

LAUNOIS ET MOULON. — Les cellules cianophiles de l'hypophyse chez la femme enceinte. Soc. de Biologie, 1903.

LECLERC DU SABLON. — Ac. de sciences de Paris, 1898, nov.

— *Revue scientifique*, 1902 (II).

LEGGE. — *Monitore Zoologico*, 1899.

LEGENDRE ET PIERON. — C. R. Soc. de Biologie, 1907.

LEGRAND. — Narcolepsie. *France médicale*, 1888.

LENHOSSECK. — *Neurol. centralb.*, 1898.

LESAGE ET ABRAMI. — *Arch. génér. de médecine*, 1906.

LÉPINE. — *Revue de médecine*, 1894.

LESZYNSKY. — *Medical Record*, 1899.

Levi Giulio. — Alterazioni cadaveriche delle cellule nervose studiate col metodo di Nissl. *Rivista di patol. nerv. e mentale*, 1898.

Levi Giuseppe. — Considerazione sulla struttura del nucleo delle cellule nervose. *Rivista di patologia nervosa e mentale*, 1896.

— Sulle modificazioni delle cellule nervose, negli animali a sangue freddo. *Riv. di patol. nerv. e mentale*, 1896.

Levi Ettore. — Persistenza del canale cranio-faringeo in due cranii di acromegalici. *Rivist. crit. di clinica medica*, 1909.

Levi Leop. — Somnolence et narcolepsie. *Arch. génér. de méd.*, 1896.

Levi et Rothschild. — Soc. de Neurologie, 1907.

Loeper. — Les plexus choroïdes. *Arch. de médec. expérim.*, 1906.

Longet. — Sommeil. Physiologie générale

Longuet. — Nona. *Semaine médicale*, 1892.

Lorand. — L'origine du diabète. Paris, 1904.

Luciani. — Fisiologia dell'uomo. Milano, 1905.

Luciani. — Sulla genesi delle sensazioni della fame e della sete. *Archivio di fisiologia*, 1906.

Lucien et Parisot. — Influence sur la thyroïde des injections intraveineuses répétées d'extrait hypophysaire. C. R. de la Soc. de Biologie, 1909.

Lumbroso (G.). — Sull'importanza del metodo grafico nello studio del sonno. *Riv. crit. di clinica medica*, 1907.

Lugaro (E.). — Sperimentale, 1895. *Rivista di Patologia nerv. e ment.*, 1896, 1898, 1899, 1903.

Luxemburg. — Cité par Marinesco. La cellule nerveuse.

Macnamara. — *Dublin quart. Journ. of medic. Journ.*, 1862, cité par Féré.

Madelung. — Ueber Verletzungen der Hypophysis. *Arch. fur Klin. Chirurgic.*, B. d. 73. Heft 4.

Mailhard et Milhit. — *Encéphale*, 1906.

Malesani. — *Lonigo*, 1902. La ghiandola del letargo.

Mallins. — *Lancet*, 1888.

Manacéine (De). — Le sommeil. Paris, 1896.

Mangili. — Osservazioni per servire alla storia naturale dei mammiferi soggetti al letargo, 1871.

MANN. — *Journ. of anatomy and physiology*, 1896.

MANSION. — Les loirs. *Revue scientifique*, 1900, n° 7.

MARBURG — 2° Jahresversam deutcher Nerverærtze Heidel-
berg, 1908, oct.

MARINESCO. — La cellule nerveuse, 1909.

—   C. R. Soc. de Biologie, 1896.

—   *Gaz. Hebdomad. de méd.*, 1895.

MARRO. — Lavoro mentale e ricambio materiale, 1889.

MARTINET. — *Presse médicale*, 1907.

MASAY (F.). — L'Hypophyse. Thèse de Bruxelles, 1908.

MASSALONGO. — *Riforma medica*, 1892.

MASTRI. — *Riv. crit. di clinica medica*, 1902. Florence.

MAYER. — Soc. de Biologie, 1907.

MAUTHNER. — *Wien. Medic. Woch*, 1890.

MEISSL. — Schlaf. *Wiener Klin. Rundshau*, 1906.

MELCOLN. — *Journ. de physiologie*, 1904.

MENDEL. — *Berl. Klin. Woch.*, 1901.

MENSINGA. — Thèse de Kiel, 1897, cité par Raymond.

MICHELSON. — Psych. arb. II, 1897.

MILIAN. — L'insomnie siphilitique. *Le mois thérapeut.*, 1909.

MINGAZZINI. — Cité par Luciani. *Fisiologia*.

MODENA. — Acromegalia. *Rivista speriment. di freniatria*,
1903.

MONTEVERDI-TORRACCHI. — *Riv. sperim. di freniatria*, 1897.

MONTI. — Sulle alterazioni del sistema nervoso nell'inani-
zione. *Riforma medica*, 1895 (III).

MOORE. — Two cases of tumor of the central nervous sys-
tem. The Hahnenannian monthly, 1908, April.

MORANDI. — Ricerche sull'istologia dell'Ipofisi. *R. Accad. di
Torino*, 1904.

MORTON. — A case of morbid somnolence. *Journ. of nervous
and mental diseases*, 1884.

MOSSE ET DAUNIC. — *Bull. de la Société anatomique*, 1897.

MOSSO (A.). — Il sonno sotto il rispetto fisiologico ed igie-
nico. *Giornale della società italiana di igiene*, 1882.

—   La temperatura del cervello.

—   *Arch. italiennes de biologie*, 1904.

MOURRE. — La volonté dans le rêve. *Revue philosoph.*, 1903.

MURRAY. — Associations of acromegaly and exophtalmic goitre. *Edimb. medic. Journ.*, 1897.

NAMMACK. — A case of narcolepsy. *Medic. Record.*, 1899.

Narboute. — *Journal de Physiologie*, 1897, rec.

Narcott et Esterre. — *British. medic. Journ.*, 1897, II.

Naville. — La question du sommeil. *Revue scientifique*, 1898, p. 66.

Neal Shuth Shattock. — *Lancet*, 1898, II.

Nissl. — *Allg. Zeitsch. f. psychiatry*, 1892.

Odier. — *Revue médicale de la Suisse Romande*, 1898.

Oldham. — Sleep. *Dublin Journ. of medic. sciences*, 1907.

Olmer. — Soc. de Biologie, 1891.

Oppenheim. — Trattato delle malattie nervose. Trad. Italiana.

Osborne. — *Journ. of nervous and ment. diseases*, 1893.

Ossipoff. — *Annales de l'Institut Pasteur*, 1909, cité par Marinesco.

Ostini. — Vegetazioni adenoidi e mixœdema. *Gazz. medica di Torino*, 1905.

Ostwald (G.). — La force catalytique et ses applications. *Revue scientif*, 1906.

Packard. — *Amer. Journ. of the medic. sciences*, 1892.

Paderi C. — La presenza del bromo nella ghiandola pituitaria e nel sistema nervoso centrale. Soc. medico-chirurgica di Pavia, 1898.

Pansini. — Sull'acromegalia. *Giorn. intern. di science mediche*, 1898.

Pardo. — *Annali dell'Instituto Psichiatrico*. Roma, 1901.

Parisot. — *Revue médicale de l'Est*, 1907. V. Lucien et Parisot.

Parmentier. — *Arch. génér. de médecine*, 1891 (528).

Parsons. — *Journ. of nerv. and ment. diseases*, 1894.

Paulesco. — Contribution à la morphologie de l'hypophyse. *Journ. de médecine interne*, 1907.

Paulow (I. P.). — Le travail des glandes digestives. Masson, éditeur, 1901.

Patrick et Gilbert. — *Psych. Review*, III, cité par Claparède.

Pechadre. — *Revue de médecine*, 1891.

Pergens. — Action de la lumière sur la rétine. *Annal de la Soc. Roy. de Bruxelles*, 1897.

Pel. — *Berlin. Klin. Woch.*. 1891.

Pellizzi. — Sopra le variazioni anatomiche delle cellule dei gangli celiaci e mesenterici nei varii stati della loro funzionalità. *Annali di freniatria*, 1898.

Pettit et Girard. — Sur la morphologie des plexus choroïdes. Soc. de Biol., 1901.

Pfammenstill et Josefson. — *Neurol. centralb.*, 1900.

Pflüger.. — Théorie des Schlafes. *Arch. f. Physiologie*, 1875.

Pick. — *Deutsch. medic. Woch.*, 1898.

Pictet (A.). — Observations sur le sommeil chez les insectes. *Archives de psychologie*, 1904, n° 12.

Piéron. — L'immobilité protectrice chez les animaux. *Revue scientifique*, 1906 (524).

— Les problèmes actuels de l'instinct. Société de biologie, 1907.

Pierret. — Diastases et ferments inorganisés. *Revue scientifique*, 1906.

Pirone. — *Archivio di fisiologia*, 1904. Sulla fine struttura e sui fenomeni di secrezione dell'Ipofisi.

Pitimi. — Influenza degli ipnotici sulla conducibilità elettrica del cervello. Istit farmacolog di Palermo, 1903.

Pitres. — Cité par Lamacq.

Pittaluga (G.). — Contributo alla casistica dell'acromegalia. *Annali dell'istituto psichiatrico di Roma*, 1901.

Policard. — Sur la structure de la cellule nerveuse pendant ses diverses états fonctionnels. *Presse médicale*, 1907.

Ponfick. — *Neurol. centralb.*, 1908.

Porter. — Narcolepsy. *Medic. Record*, 1880.

Poppi. — Soc. medico-chirurgica di Bologna, 1908.

Prenant. — *Revue scientifique*, 1901 (572).

Pronier. — *Revue de médecine*, 1891.

Prunelle. — *Annales du museum*, 1811.

Pugnat. — Acc. des sciences, 1897. Bibliog. anatom., 1898.

Purves Stewart. — Tumor of the hypophysis cerebri. *Review of neurology*, 1909.

Querton. — Le sommeil hibernal. *Annales de la Soc. Roy. des sciences medic. et natur. de Bruxelles*, 1897.

Ramon y Cajal. — Trabajos del labor de l'Univers de médecine, 1903.

Ranvier. — *Journ. de micrographie*, 1887.

Ravenna. — Sulla colorazione primaria del tessuto nervoso in rapporto allo stato d'ibernazione e di veglia. *Rivista di Patolog. nervosa e mentale*, 1896. *Rivista veneta.* Padova, 1908.

Rayer. — Observations sur les maladies de l'appendice sus-sphénoïdale. *Arch. génér. de médecine*, 1823.

Raymond. — Anesthésie cutanée et musculaire dans ses rapports avec le sommeil provoqué. *Revue de médecine*, 1891.

— Sommeil dans les tumeurs cérébrales. *Arch. génér. de médecine*, 1905, juin.

— *Arch. de neurologie*, 1893, II.

Regis et Gaide (N). — Rapports entre la maladie du sommeil et le myxœdème. *Presse médicale*, 1898.

Renauld. — *Bull. de la Soc. Royale des sciences médic. de Bruxelles*, 1895.

Renaut. — Recherches sur le pouvoir osmotique de la cellule nerveuse. *Bull. de la Soc. Roy. de sciences médic. Bruxelles*, 1908.

Renon, Delille. — *Bull. génér. de thérapeutique.* Paris, 1907.

Ribot. — L'attention. Ed. Alcan, Paris.

Richet C. — La vibration nerveuse. *Revue scientifique*, 1899.

Righetti. — *Rivista di patol. nerv. e ment.*, 1903.

Robertson.— *Lancet*, 1908. *Archives intern. de physiologie*, 1908.

Robin.— Tumeur épithéliale des plexus choroïdes. *Gaz. Hebdomadaire*, 1858.

Rolleston. — *Lancet*, 1896.

Romanes. — L'évolution mentale chez les animaux.

Rothschild et Levi.— Soc. de neurologie, 1907. *Presse médic.*, 1907.

Rousseau. — Observations de narcolepsie dans la démence et l'épilepsie. *Encéphale*, 1881 : cité par Samain.

Roxburg-Collis. — *British medic. Journ.*, 1896, II.

Rummo et Ferrannini. — *Riforma medica*, 1890, I.

Sainton. — Narcolepsie et obésité. *Gaz. Hebdomad. de méd.*, 1901.

Sajous. — *Gaz. des Hôpitaux*, 1908.

Salmon A. — Sull'origine del sonno. Tip. Niccolai Firenze, 1905.

— Sulla funzione del sonno. Biologica, II, n° 2.

— L'igiene del sonno in rapporto alla sua fisiologia. Società d'igiene, 1908. Firenze.

Salmon(A.). — L'Ipofisi e la patogenesi del morbo di Basedow. XIV Congresso de medicina interna. Roma, 1906.

— La patogenesi dell'obesità. Tommasi, 1906.

Salvioli e Carraro. — *Archivio per le scienze mediche*, 1894.

Samain. — Contribution à l'étude de la Narcolepsie. Thèse Paris, 1894.

Sandri. — Struma adenomatoso dell'ipofisi. Sonno patologico. Assenza di manifestazioni acromegaliche. *Rivista di patologia nerv. e mentale*, 1909.

Sarbo. — Cité par Collins.

Saundby. — *British med. Journ.*, 1888.

Savagnone. — *Rivista italiana di neuropatologia e psichiatria*, 1909.

Schafer. — The physiological effects of extracts of pituitary body. *Neurolog. centralb.*, 1903.

Schiefferdecker. — Uber die Neuronen und die innere sekretion. Cité par Marinesco.

Schonemann. — *Virchow's Archiv.*, 1902.

Schoult. — Agripnie syphilitique. *Gaz. des hôpit.*, 1908.

Schupfer. — Sulla patogenesi dell'acromegalia. *Annali di medicina nasale*, 1898.

Schuster. — Psychische störungen der Hirntumoren. Stuttgard, 1902.

Scott. — Transact. of Canadian Institute 1898-1899. *Journ. of physiology*, 1906.

Segre (L.). — Contributo alla conoscenza dei movimenti nel sonno.

Serbelloni. — Atti dell'accademia fisico-medico statistica di Milano, 1886.

Sergueyeff. — Physiologie de la veille et du sommeil. Paris, 1890.

Sfameni — *Annali di freniatria*, 1900,

Sharp. — Cité par Longuet.

Silvestrini. — *Rivista critica di clinica-medica*, 1905.

Sjovall. — *Neurol. centralb.* 1904, cité par Marinesco.

Snell. — *British medic. Journ.*, 1903, II.

Soca. — Nouvelle Iconographie de la Salpêtrière, 1900. Sur un cas de sommeil de sept mois par tumeur de l'hypophyse.

Sokoloff. — *Arch. de médecine*, 1896.

Souza-Leite. — De l'acromégalie. Thèse de Paris, 1890.

Spillman et Schmidt. — Tumeurs du IVe ventricule. *Arch. génér. de méd.*, 1882.

Staunens. — Cité par Raymond. *Arch. génér. de méd.*, 1905, juin.

Steevens. — *British med. Journ.*, 1905.

Stephan (P.). — Le fonctionnement des grandes cellules à granulations éosinophiles du tissu lymphoïde du protoptère. C. S. Soc. de biologie, 1906.

Stassano. — Nouvelles recherches sur le sommeil. Soc. de biologie, 1884.

Stefanowska. — *Bull. Soc. Roy des sciences méd. de Bruxelles*, 1898.

Stevens. — *British medic. Journ.*, 1908.

Stewart. — Schlafstorungen. *Medical Presse*, 1908.

Stholer. — Acromégalie et adipose. *Lancet*, 1898, II.

Stodel. — Recherches sur les colloïdes. *Revue scientifique*, 1905 (1907).

Stropeni. — Soc. medico-chirurgica di Pavia, 1906.

Stumme. — *Archiv. für klinische chirurgie*, 1908.

Szczykiorsky. — *Archives de neurologie*, 1895.

Tamburini. — *Rivista sperimentale di freniatria*, 1894-1895.

Tanzi. — *Arch. ital. di clinica medica*, 1892.

Tarchanoff. — Quelques observations sur le sommeil normal. *Arch. italiennes de biologie*, 1894.

Tedeschi. — *Clinica moderna*, 1897.

Tello. — Trabajos de lab. de biol, 1904.

Tickromiroff. — *Presse médicale*, 1896.

Tissié. — Les rêves, 1898 : cité par Claparède.

Thaon (P.). — L'hypophyse, O. Doin, éditeur, Paris, 1907.

Thibierge. — Le myxœdème. Paris, 1898.

Thiebaud. — Cité par Trousseau et Pidoux.

Thomas. — *Revue médicale de la Suisse Romande*, 1893. *British medical Journ.*, 1895.

Thomson. — *Revue hebdomad. de laryng. et d'otologie*, 1907, n° 7.

Toubert. — Complications endocraniennes de la sinusite sphénoïdale. *Arch. génér. de médecine*, 1900.

Trambusti. — Contributo allo studio della fisiologia della cellula. *Sperimentale*, 1892.

Traube. — Theorie der osmose und narcose, 1904.

Trenel. — Généralités sur l'agitation et l'insomnie. XIIIᵉ Congrès des médecins aliénistes. Bruxelles, 1903.

Trousseau et Pidoux. — *Traité de thérapeutique.*

Tschassownikoff. — Cité par Marinesco. La cellule nerveuse, I (**231**).

Tsitrine. — *Revue Neurologique*, 1903.

Valentin. — Beitrag zür kenntniss des Winterschlafes, 1857.

Vaschide. — Sur l'influence de l'attention pendant le sommeil. Ac. de sciences, Paris, 1906.

Vaschide et Vurpas. — C. R. Ac. des Sciences, 1903.

Vasoin. — *Journ. de physiologie*, 1904 (132).

Vassale. — L'ipofisi nel mixœdema e nell'acromegalia. *Rivista sperimentale di freniatria*, 1902.

Veneziani. — Plessi coroidei. *Arch. di farmacol. speriment.*, 1903.

Verworn (M.). — Physiologie générale.

— L'ipotesi del biogeno. Traduzione italiana.

— Ueber Narkose. *Deutsche mediz. Woch.*, 1909 (16 sept.).

Vires. — Les progrès de la neuropathologie. *Revue scientifique*, 1899.

Virey. — Diction. d'histoire naturelle. Sommeil.

Vivenot. — Cité par Mosso.

Vizioli. — Morgagni, 1890 (854).

Voulfovitch. — Pathogénie du sommeil. Thèse Paris, 1905.

Waddel. — *Lancet*, 1893, I, 921.

Wadsworth. — Cité par Souza. Leite.

Waldo. — *British. med. Journ.*, 1890.

Walton-Cheney. — *Bulletin médical*, 1899.

Walton. — *Medical Record*, 1899.

Warlomont. — *Gayet. Arch. Physiology*, 1895.

Warthin. — A primary polimorphus cell sarcoma of the nose. *New-York med. Journ.*, 1899.

Wasdin. — Jahresbericht des neur. and psychology, 1903.

Wergrand. — *Deutsche medizin. Woch.*, 1905, n°51.

Wersiloff. — *Neurol. Centralb.*, 1902.

Westenhöffer. — *Semaine médicale*, 1905, p. 273.

Weygandt. — Cité par Claparède. Kong f. exper Psycol. Giessen, 1904.

Whyte. — *Lancet*, 1893, I.

Widal-Roy-Froin. — *Revue de médecine*, 1906.

WILLS. — Brain, 1892.

WINTERNITZ. — *Munchen Medizin. Woch.*, 1908.

WINTERSTEIN. — *Zeitsch. Allg. phys.*, 1902.

WITHMER. — *Journ. of nervous and mental diseases*, 1898.

WITTERN. — Rec. *Riv. di Patol. nervosa e mentale*, 1899.

WYME FOOT. — V. Foot.

YUNG-PETERSON. — *Journ. of abnormal psycology*, 1908.

ZETZER. — Du sommeil incoercible. *Revue neurologique*, 1901.

TABLE DES MATIÈRES

MAYENNE, IMPRIMERIE DE CHARLES COLIN